教育部　财政部中等职业学校教师素质提高计划成果
计算机软件专业师资培训包开发项目(LBZD040)

中等职业学校
计算机软件专业
教学法

Zhongdeng Zhiye Xuexiao
Jisuanji Ruanjian Zhuanye
Jiaoxuefa

教育部　财政部　组编
黄旭明　主编
卢　宇　执行主编

北京师范大学出版集团
BEIJING NORMAL UNIVERSITY PUBLISHING GROUP
北京师范大学出版社

内容提要

本书是中等职业学校教师素质提高计划重点专业师资培训计算机软件专业项目建设的一个重要组成部分。本书合理组织专业教学法应用内容架构，以人才培养课程框架、《网站设计技术》课程及专业教师培训核心课程项目典型技能三条线进行示例内容选择，构建了立体化的教学法应用示例体系。

本书可用于中等职业学校计算机软件专业教师上网层级、提高层级和骨干层级的培训指导用书，也可作为各级计算机软件专业教师培训的指导与参考用书。

图书在版编目(CIP)数据

中等职业学校计算机软件专业教学法／教育部，财政部组编.—北京：北京师范大学出版社，2012.3

ISBN 978-7-303-14108-1

Ⅰ.①中… Ⅱ.①教… ②财… Ⅲ.①软件-教学法-中等专业学校 Ⅳ.①TP31-42

中国版本图书馆CIP数据核字（2012）第018448号

营销中心电话 010-58802755 58800035
北师大出版社职业教育分社网 http://zjfs.bnup.com.cn
电子信箱 bsdzyjy@126.com

出版发行：北京师范大学出版社 www.bnup.com.cn
北京新街口外大街19号
邮政编码：100875
印　　刷：北京京师印务有限公司
装　　订：三河万利装订厂
经　　销：全国新华书店
开　　本：184 mm × 260 mm
印　　张：8.75
字　　数：185千字
版　　次：2012年3月第1版
印　　次：2012年3月第1次印刷
定　　价：21.00元

策划编辑：周光明　　责任编辑：周光明
美术编辑：高　霞　　装帧设计：国美嘉誉
责任校对：李　菡　　责任印制：孙文凯

教育部　财政部中等职业学校教师素质提高计划成果
系列丛书

计算机软件专业师资培训包开发项目
(LBZD040)

项目牵头单位　福建师范大学
项 目 负 责 人　黄旭明
主　　　　编　黄旭明
执 行 主 编　卢　宇

出版说明

根据2005年全国职业教育工作会议精神和《国务院关于大力发展职业教育的决定》(国发[2005]35号)，教育部、财政部2006年12月印发了《关于实施中等职业学校教师素质提高计划的意见》(教职成[2006]13号)，决定“十一五”期间中央财政投入5亿元用于实施中等职业学校师资队伍建设相关项目。其中，安排4 000万元，支持39个培训工作基础好、相关学科优势明显的全国重点建设职教师资培养培训基地牵头，联合有关高等学校、职业学校、行业企业，共同开发中等职业学校重点专业师资培训方案、课程和教材(以下简称“培训包项目”)。

经过四年多的努力，培训包项目取得了丰富成果。一是开发了中等职业学校70个专业的教师培训包，内容包括专业教师的教学能力标准、培训方案、专业核心课程教材、专业教学法教材和培训质量评价指标体系5方面成果。二是开发了中等职业学校校长资格培训、提高培训和高级研修3个校长培训包，内容包括校长岗位职责和能力标准、培训方案、培训教材、培训质量评价指标体系4方面成果。三是取得了7项职教师资公共基础研究成果，内容包括中等职业学校德育课教师、职业指导和心理健康教育教师培训方案、培训教材，教师培训项目体系、教师资格制度、教师培训教育类公共课程、职业教育教学法和现代教育技术、教师培训网站建设等课程教材、政策研究、制度设计和信息平台等。上述成果，共整理汇编出300多本正式出版物。

培训包项目的实施具有如下特点：一是系统设计框架。项目成果涵盖了从标准、方案到教材、评价的一整套内容，成果之间紧密衔接。同时，针对职教师资队伍建设的基础性问题，设计了专门的公共基础研究课题。二是坚持调研先行。项目承担单位进行了3 000多次调研，深度访谈2 000多次，发放问卷200多万份，调研范围覆盖了70多个行业和全国所有省(区、市)，收集了大量翔实的一手数据和材料，为提高成果的科学性奠定了坚实基础。三是多方广泛参与。在39个项目牵头单位组织下，另有110多所国内外高等学校和科研机构、260多个行业企业、36个政府管理部门、277所职业院校参加了开发工作，参与研发人员2 100多人，形成了政府、学校、行业、企业和科研机构共同参与的研发模式。四是突出职教特色。项目成果打破学科体系，根据职业学校教学特点，结合产业发展实际，将行动导向、工作过程系统化、任务驱动等理念应用到项目开发中，体现了职教师资培训内容和方式方法的特殊性。五是研究实践并进。几年来，项目承担单位在职业学校进行了 1 000 多次成果试验。阶段性成果形成后，在中等职业学校专业骨干教师国家级培训、省级培训、企业实践等活动中先行试用，不断总结经验、修改完善，提高了项目成果的针对性、应用性。六是严格过程管理。两部成立了专家指导委员会和项目管理办公室，在项目实施过程中先后组织研讨、培训和推进会近 30 次，来自职业教育办学、研究和管理一线的数十位领导、专家和实践工作者对成果进行了严格把关，确保了项目开发的正确方向。

作为"十一五"期间教育部、财政部实施的中等职业学校教师素质提高计划的重要内容，培训包项目的实施及所取得的成果，对于进一步完善职业教育师资培养培训体系，推动职教师资培训工作的科学化、规范化具有基础性和开创性意义。这一系列成果，既是职教师资培养培训机构开展教师培训活动的专门教材，也是职业学校教师在职自学的重要读物，同时也将为各级职业教育管理部门加强和改进职教教师管理和培训工作提供有益借鉴。希望各级教育行政部门、职教师资培训机构和职业学校要充分利用好这些成果。

为了高质量完成项目开发任务，全体项目承担单位和项目开发人员付出了巨大努力，中等职业学校教师素质提高计划专家指导委员会、项目管理办公室及相关方面的专家和同志投入了大量心血，承担出版任务的 11 家出版社开展了富有成效的工作。在此，我们一并表示衷心的感谢！

编写委员会

2011 年 10 月

前言

本书是中等职业学校教师素质提高计划重点专业师资培训计算机软件专业项目建设的一个重要组成部分，主要目标是引导专业教师认识专业特性、认识教授对象、认识培养目标、认识实践教学规律，通过专业示例教学应用，培养专业教师掌握并有效应用专业教学方法的能力。

本书深入分析专业和行业特性、工作情境与岗位技能，帮助专业教师了解行业政策、行业现状、生产模式发展情况、工作环境及软件企业岗位架构、岗位间的关联与岗位技能需求，明确人才培养目标与就业岗位群定位。

本书突出强调实践性教学方法应用，示例选择适当淡化理论，强调工作过程技能培养，适应行动导向的职业教育理念，教学分析与教学过程操作步骤清晰明了，突出了计算机软件专业教育教学特征，可操作性强。

本书合理组织专业教学法应用内容架构，以人才培养课程框架、《网站设计技术》课程及专业教师培训核心课程项目典型技能三条线进行示例内容选择，构建了立体化的教学法应用示例体系。

本书是计算机软件专业项目组全体成员共同研究的成果，由项目主持人福建师范大学黄旭明担任主编，福建师范大学卢宇担任执行主编，黄旭明负责全书内容的统筹与统稿。

主要执笔人员：黄旭明、卢宇、卢起雪、龚家骧、郑必成、林信川。

其他执笔人员：杨煌明、赵春莹、陈从俊、梁国希、陈世强等。

本书编写得到了“中等职业学校教师素质提高计划”专家指导委员会的指导与帮助，也得到了福建师范大学、元数位（福建）软件有限公司、福建宏天信息产业有限公司等单位的大力支持，在此表示衷心感谢。

中等职业学校教师素质提高计划重点专业师资培训计算机软件专业项目组

2012 年 2 月 8 日

目录

第一部分 专业教学特点分析

进入21世纪，软件生产与信息化应用服务业已经成为全球第一大产业。在全球经济一体化大潮中，我国政府为了应对产业结构调整和升级，提出了以信息化带动工业化，以工业化促进信息化的发展战略，相继出台了《国务院关于印发鼓励软件产业和集成电路产业发展若干政策的通知》(国发〔2000〕18号)、《信息产业“十五”计划纲要》(信息产业部2001年9月)、《振兴软件产业行动纲要(2002～2005年)》(国办发〔2002〕47号)，教育部、信息产业部等九部委联合制定的《关于加快软件人才培养和队伍建设的若干意见》(教高〔2003〕10号)文件，科技部、发改委、商务部、信息产业部、国家标准化管理委员会联合制定的《关于进一步提高我国软件企业技术创新能力的实施意见》(2004年4月)等文件，都充分说明软件产业发展对我国国民经济与社会发展的重要性，但产业的发展离不开人才的支撑，如果没有足够的人才储备，没有符合产业发展实际需要的软件生产和管理人才，产业就不可能得到持续稳定的发展。我国软件人才的“橄榄型”结构，限制了产业与信息化应用的发展，只有尽快完成软件人才结构从“橄榄型”到“金字塔型”的转变，才能在产业规模、企业实力、技术水平、竞争能力上与世界软件产业缩短先进水平乃至步入前列，从我国现状看，完成这一转变的关键是软件生产模式转变及与其相匹配的“金字塔”基础人才——软件蓝领人才的培养与储备。

中等职业学校“计算机软件专业”定位于“金字塔”基础人才的培养，即能够进行规范编码及适应软件企业测试、技术支持、软件销售等基础岗位工作要求的人才。但中等职业学校“计算机软件专业”在人才培养模式、课程设置、师资队伍建设、教师实践应用能力等多方面都与企业及信息化应用需求之间存在着巨大的差异，无法合理构建企业与信息化应用人才需求与学生就业的对接通道。

本部分试图结合广泛的调研，从产业政策、软件生产模式变化趋势以及中职计算机软件专业的现状、专业学生特点和培养方案建设等方面进行分析，辅助专业教师加深对本专业背景和特征的认识，为制定科学的专业培养方案和实施符合职业教育要求的教学过程提供参考。

1.1 软件产业和职业分析

1.1.1 软件产业发展现状分析

软件产业是国民经济的基础性、战略性产业，是信息产业的核心和灵魂。软件产业的发展水平是衡量一个国家和地区现代化水平和综合实力的重要标志。据中国工业与信息化部发布的关于“中国软件产业发展现状、路径及对策研究”信息显示，目前我国软件产业总体规模较小，竞争力不强。

(1)全球软件产业发展形势

20 世纪 90 年代以来，世界软件产业获得了飞速发展。据 IDC 统计，全球软件业的年均增长率一直保持在 15%～20%之间。目前，全球软件业已经开始进入成熟期。产业分工较为明确，产业成熟度较高，成本已成为企业竞争的首要因素。发达国家的软件企业从降低成本考虑，逐步集中力量发展核心业务；利用全球的人力资源，将大量非核心业务向发展中国家转移。

市场分析表明，近几年全球应用软件外包服务市场每年平均以 29.2%的速度增长。据美国 E5 公司预测，2006 年全球软件外包市场将达到 1000 亿美元。整体来看，以美国、欧洲、日本为代表的国际软件产业大国转移的需求十分强烈，软件外包已成为世界软件产业发展的重要趋势，全球软件外包市场需求和外包服务业的发展空间逐渐形成。

(2)中国软件产业发展现状

2000 年以来，国务院 18 号文件和 47 号文件相继出台，为软件产业的发展创造了良好的外部环境，我国软件产业发展步入快车道，成为电子信息产业中增长最快的领域之一。

但整体来看，目前我国软件产业总体规模仍然太小。软件企业多以从事定制项目和一般应用软件为主。对于大多数软件企业来说，没有一个良好的切入点，走独立发展的道路难度比较大。企业竞争力不强，无法形成产业的竞争性优势，导致我国软件产业在全球软件产业分工中定位不清。

与此同时，我国软件产业的国际化程度较低，国内市场由于以下的局限性原因无法独立支撑起一个庞大的产业。

1)狭小的现实市场规模

近年来，国内软件市场总体规模出现增长，但由于盗版，社会心理认同低，政府采购不规范等多种原因，增速仍较有限。软件巨大的潜在市场和现实市场相对狭小矛盾仍较突出。用户忽视软件价值，“重硬轻软”现象仍较普遍。据统计，我国在硬件和网络上的投资与在软件和咨询服务上的投资比例为 6∶4，发达国家为 3∶7。

另一方面，国内软件市场已经变成了国际竞争的市场。在软件市场的各个领域，特别是在高利润率的优质市场领域，市场份额基本上都由外国公司垄断。在系统软件和支撑软件市场，继续保持垄断地位；在以 ERP 为核心的企业应用软件市场，外企正在开始从高端市场走向中低端市场；在行业应用软件市场，外企也有不同程度的介入。

2)低水平的同质竞争

目前，国内软件市场专业分工和特色不够清晰。国内软件企业处于各自为战的状态，互为竞争对手。同类软件的重复开发现象较严重，存在恶性竞争状况，专业化分工尚未形成。同质化竞争造成整个软件产业利润低下。

3)过低的市场规范度

国内市场的竞争规则规范性程度过低，没有形成较好的优胜劣汰的市场机制，资源向高竞争力企业的集中度不够，好企业难以脱颖而出。同时，国内市场的用户需求规范性程度过低。软件企业主要从事软件工程项目，未能形成以产品开发为中心、以专业化服务体系为支撑的发展模式，真正从事大型软件产品开发的软件企业很少，导致整个产业难以规模化。

(3)软件产业政策优势分析

软件产业作为一种“无污染、微能耗、高就业”的产业，不但能大幅度提高国家整体经济运行效率，而且自身也能形成庞大规模，提升国民经济指数。随着信息技术的发展，软件产业将会成为衡量一个国家综合国力的标志之一。因此，发展和扶持软件产业，是一个国家提高国家竞争力的重要途径与战略制高点。

2000 年 6 月，国务院颁发《鼓励软件产业和集成电路产业发展的若干政策》，在投融资政策、税收政策、产业技术政策、出口政策、收入分配政策、人才吸引与培养政策、采购政策等方面制定了一系列优惠措施，通过政策引导，鼓励资金、人才等资源投身软件产业，推动我国软件的产业发展。

2001 年 7 月，国家计委和信息产业部下达了《国家软件产业基地管理办法》，规范国家软件产业基地的建设和管理，对软件产业基地进行认定、审批和监督，经过认定后对其给予相应的支持。批准北京、上海、大连、济南、西安、南京、长沙、成都、杭州、广州、珠海 11 个重点软件园区作为国家级产业基地，并落实了资助和支持措施。

2001 年 9 月，信息产业部颁布《信息产业“十五”计划纲要》，明确了信息产业在国民经济中的地位和作用，回顾信息产业的发展情况，指出存在的问题，制定了“十五”期间的发展方向、目标和发展重点，强调以市场为导向建立我国的软件产业体系，鼓励软件国际化和出口，扩大国产软件市场份额。

2002 年 9 月，国务院颁发了《振兴软件产业行动纲要(2002～2005 年)》，加大对软件产业发展的支持力度。其内容主要有：鼓励应用，拉动内需，促进软件产业发展；优先采用国产软件产品和服务；加大对软件出口的扶持力度；鼓励竞争，形成一批软件骨干企业；大力培养人才，为软件产业发展提供智力支持。

2003 年 11 月，教育部颁布《关于批准有关高等学校试办示范性软件职业技术学院的通知》，决定批准北京信息职业技术学院等 35 所高等学校首批试办示范性软件职业技术学院，以尽快满足国家软件产业发展对高素质软件职业技术人才的迫切需求，推动高等职业教育办学体制、培养模式的改革。

2003 年 12 月，教育部、国家发改委、科学技术部、人事部、劳动社会保障部、信息产业部、海关总署、国家税务总局、国家外国专家局联合出台《关于加快软件人才培养和队伍建设的若干意见》，提出中国软件人才培养和队伍建设的总体目标，以及加快人才培养和队伍建设的主要措施。

2004 年 4 月，科技部、发改委、商务部、信息产业部、国家标准化管理委员会联合制定《关于进一步提高我国软件企业技术创新能力的实施意见》。促进我国软件企业在操作系统、大型数据库管理系统、网络平台、开发平台、信息安全、嵌入式系统、大型应用软件系统、构件库等基础软件和共性软件领域的突破，形成一批具有自主知识产权的软件产品和系统，培养一批具有国际竞争力的软件骨干企业，形成我国自主的软件产业体系。

2006 年 1 月，国家发改委联合 4 部委签发的《国家规划布局内重点软件企业认定管理办法》开始生效。根据这个管理办法，国家规划布局内重点软件企业实行逐年认定制度，经认定的年度国家规划布局内重点软件企业，当年未享受免税优惠的按减 10％的税率征收企业所得税。

以上文件强调国家从政策、资金等方面重点鼓励软件企业自主创新和新技术跟踪，集中力量发展对软件产业和国民经济建设有重大影响的软件产品；面向企业和市场需求，培养有竞争力、实用型软件人才，在学历教育、职业教育、继续教育等多方面，加快软件人才培养。

1.1.2 软件企业人才岗位分析

企业岗位架构建设，既要考虑管理需求，结构合理，又要顾及成本预算，是一项重要而复杂的工作。每个企业都会依据自身的规模和需求，参照产业规则与同行的岗位设置，进而确立自己的管理模式和组织架构，这点在软件企业尤为明显。了解软件企业的岗位设置和岗位技能要求对软件人才培养具有重要意义。既可明确市场的人才需求，有益于确立软件专业人才的培养目标。同时，还可以指导专业课程设计与日常的教学，帮助改进教学方式，调整教学内容。

(1)软件企业岗位设置

按照软件企业人员结构分类，与软件产品生产相关的岗位有需求开发、软件研发、产品服务、企业管理四类，如图 1-1-1 所示。

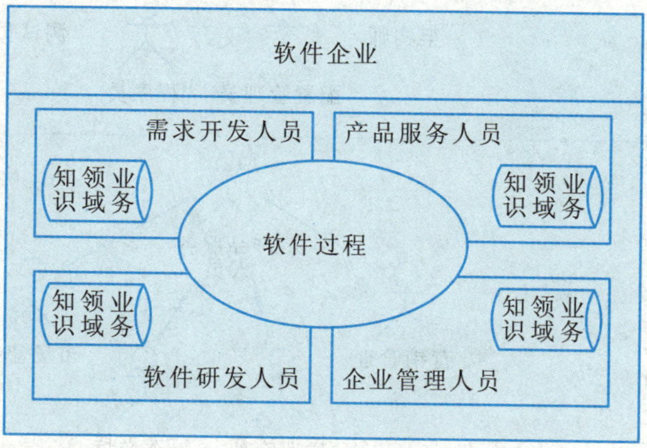

图 1-1-1 软件企业人员结构分类

其中，需求开发人员要求对业务领域知识比较熟悉，能够通过与客户的有效沟通，结合自身对业务的理解，充分挖掘用户需求。经过对需求的整理分析，建立相应的需求模型，然后以此为依据，与客户进行进一步的沟通确认。

软件研发人员要求能够根据需求分析说明，利用软件工程知识，做好项目管理和设计、开发工作。

产品服务人员则注重解决方案方面的知识，熟悉软件产品，为客户提供与产品有关的服务。

企业管理人员偏重于企业的运营管理知识，负责企业内部的管理和外部的市场运营。

软件企业的这四大类人员内部，又根据业务、知识、职责等方面的要求偏重差异而进行二次细分，各大类内部具体的人员结构如表 1-1-1 所示。

表 1-1-1　企业岗位结构表

类别名称	内部人员结构图
需求开发人员	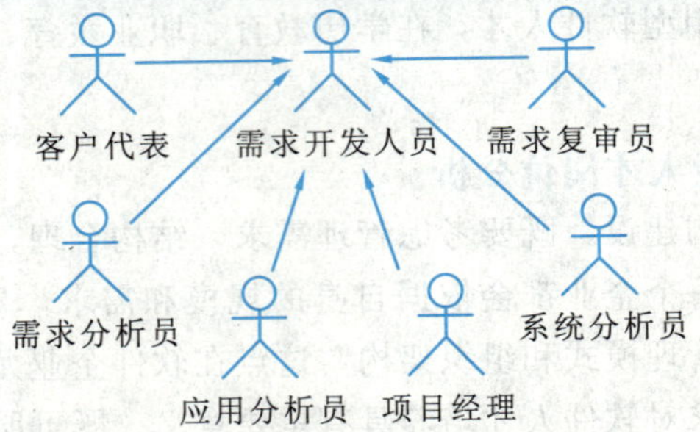
软件研发人员	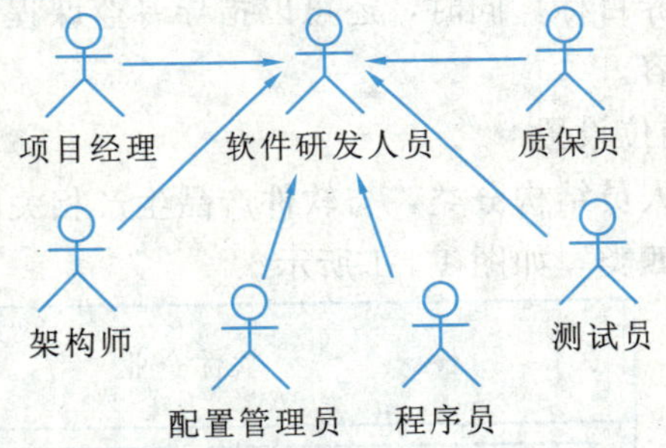
产品服务人员	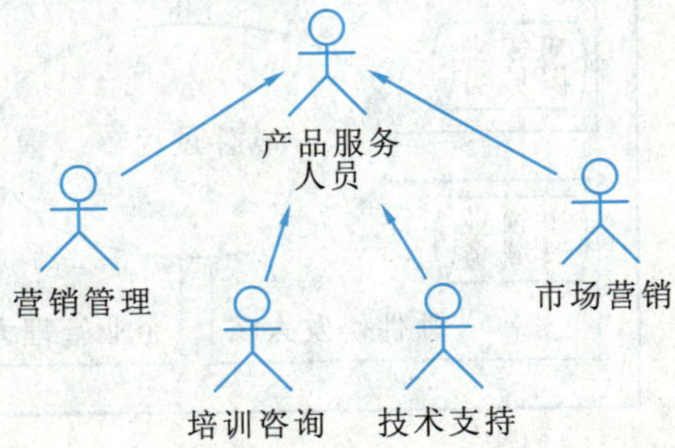

续表

类别名称	内部人员结构图
企业管理人员	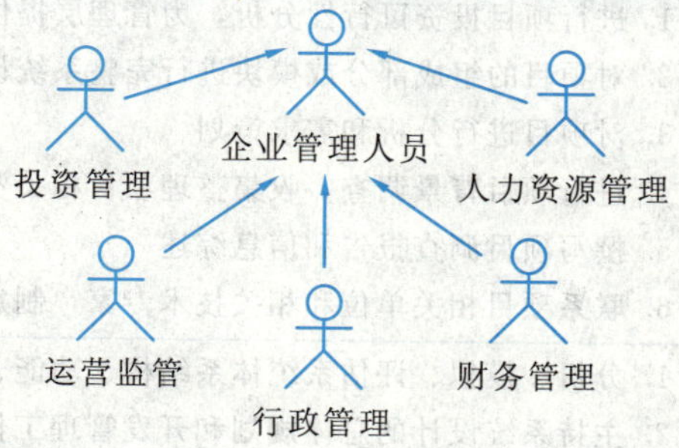

(2)软件企业岗位职责分析

以上各大类岗位细分后，职责技能要求概述见表 1-1-2。

表 1-1-2 岗位职责技能信息表

岗位名称	岗位职能
产品服务人员	
营销管理	1. 规划并推进市场营销战略与策略，实现公司各项年度经营指标 2. 依据公司整体战略，组织制定营销战略规划，组织市场销售推广工作 3. 依据公司整体销售目标，提交销售计划方案，完成销售任务 4. 制定市场的经营前景规划和市场设计工作 5. 制定和贯彻企业的产品策略及政策
市场营销	1. 建立、维护、扩大销售终端，完成分销目标、分销计划 2. 按照公司计划和程序开展产品推广活动，介绍演示产品并提供相应资料
技术支持	1. 为客户及相关人员提供与公司产品相关的技术支持及技术服务 2. 解答客户所涉及产品的技术问题
培训咨询	1. 为客户提供专业软件技术咨询服务 2. 为公司所销售或代理销售的专业软件的售前、售后等提供技术咨询服务
需求开发人员	
客户代表	1. 开拓、维持客户网络，完成签单销售计划 2. 模拟终端用户的角色，为项目提供客户需求描述
需求分析员	与客户沟通，详细了解客户的需求，详细说明系统将要实现的所有功能，与客户对系统功能达成一致意见，并编写需求分析的相关文档，指导项目组的开发
应用分析员	1. 根据软件开发文档编写相应的代码 2. 能正确执行软件工程过程

续表

岗位名称	岗位职能
项目经理	1. 进行项目投资可行性分析，为管理层提供建议 2. 对项目的组成部分或模块进行完整系统设计 3. 对项目进行分析和需求策划 4. 进行项目背景调查，收集整理项目相关资料 5. 撰写项目调查报告和信息综述 6. 联系项目相关单位和相关技术专家，制定初步的项目可行性研究报告
系统分析员	1. 分析、模拟、评估系统体系结构、功能、性能和效益等 2. 主持系统设计的总体规划和开发管理工作，包括客户需求分析、项目可行性分析、定义产品功能、原型开发等 3. 提供技术指导，促进系统操作技术和译码编程的有效使用
需求复审员	1. 负责执行对用例模型的正式复审 2. 正式核实需求结果符合客户对系统的看法
软件研发人员	
架构师	1. 理解系统业务需求，制定系统的整体框架(包括：技术框架和业务框架) 2. 对系统框架相关技术和业务进行培训，指导开发人员开发，并解决系统开发、运行中出现的各种问题
配置管理员	1. 积极了解项目情况，项目各阶段的进展，为更好地进行配置管理作准备 2. 熟练并充分地利用配置管理工具的各方面的功能，提高配置管理的效率 3. 为项目控制好版本，保证项目各阶段所使用的版本正确 4. 项目进行中或结束后，能够总结并编写配置管理过程中的案例
程序员	1. 按照工作进度和编程工作规范及设计说明书编写代码 2. 配合测试员修改相应的代码 3. 向业务部门提供软件的后期技术支持
测试员	1. 执行项目测试计划、测试方案 2. 记录测试情况，及时将测试结果反馈给有关部门，并提交项目进展报告 3. 维护、更新适用的测试版本和结构
质保员	1. 制定质量标准和规范，制定项目质量保证计划 2. 对整个项目的质量进行监督和控制 3. 制定每个里程碑的工件验收标准及审计完成情况 4. 分析项目中的风险点，为项目经理决策提供支持

以上是按各大类人员分工。但根据对调研信息的统计和分析，按照软件项目的组织研发流程划分，软件企业的岗位又可大致分为 14 个，如图 1-1-2 所示。

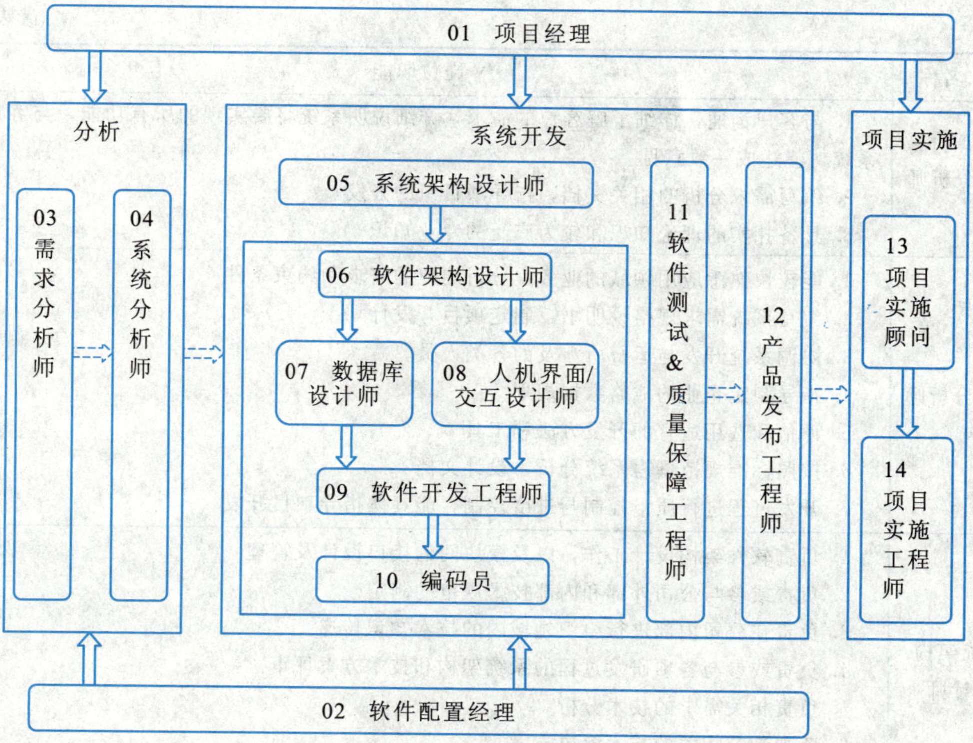

图 1-1-2 软件企业的 14 个岗位示意图

注：虚线箭头表示在软件工程过程中岗位的先后关联顺序

软件公司普遍采用如图 1-1-2 所示的岗位组织架构，只是在某些企业中，有可能是一人身兼其中数职，每个岗位各自的职能如表 1-1-3 所示。

表 1-1-3 常见软件企业的岗位组织架构信息表

岗位名称	岗位职能
项目经理	1. 项目组织和管理，对项目所需的技术、人才、资源进行调配 2. 与客户协调，与公司内部管理层协调，管理项目成员 3. 制定项目计划，执行计划 4. 负责项目的跟踪，处理项目过程中遇到的问题和风险，对项目的进度、质量和结果负责 5. 具备扎实的理论知识和较为广泛的专业知识
软件配置经理	1. 提交配置管理计划 2. 管理与维护配置项 3. 执行版本控制和变更控制方案 4. 完成配置审计并提交报告 5. 对开发人员进行相关的培训 6. 识别软件开发过程中存在的问题并拟就解决方案

续表

岗位名称	岗位职能
需求分析师	1. 与客户沟通，详细了解客户的需求，详细说明系统将要实现的所有功能，与客户对系统功能达成一致意见 2. 编写需求分析的相关文档，指导项目组的开发 3. 具备扎实的理论知识和较为广泛的专业知识
系统分析师	1. 能较快熟悉应用领域的业务，分析用户的需求和约束条件 2. 编写系统需求规格说明书，制定项目开发计划 3. 协调系统开发与运行所涉及的各类人员 4. 指导制定企业的战略数据规划 5. 评估和选用适宜的开发方法和工具 6. 按照标准规范撰写系统分析、设计文档 7. 开发过程进行质量控制与进度控制，能具体指导项目开发
系统架构设计师	1. 负责软件架构设计工作，以及模块间的接口设计及管理 2. 负责或参与公司外部和内部技术规范的制定 3. 负责在公司内部进行组织领域内的技术知识传递 4. 负责或参与各项研发过程的系统架构和技术方案评审 5. 负责相关需求的技术分析 6. 负责制定相关的技术解决方案 7. 组织实施技术可行性验证及技术选型工作
软件架构设计师	1. 负责在整个项目中对技术活动进行领导和协调 2. 确立每个构架视图的整体结构：视图的详细组织结构、元素的分组以及这些主要分组之间的接口 3. 根据软件需求说明书及相关前期分析文件，参与系统的架构设计，执行软件设计、接口设计及系统部分模块的开发
数据库设计师	1. 负责数据库设计 2. 给出 E/R 详细设计，给出存储过程、触发器等的设计文件 3. 设计数据库系统在大数据量存储要求下的方案 4. 设计数据库的维护策略方案 5. 提出发现的设计缺陷，并跟踪、协助解决
人机界面/交互设计师	1. 负责人机界面优化，提供视觉元素和产品实现 2. 掌握人机界面设计和客户体验理念 3. 熟练运用 UI 设计工具
软件开发工程师	1. 参与具体业务模块的详细设计和单元测试 2. 配合软件系统开发编码、技术研究与攻关 3. 应该具备良好的编程习惯和文档写作能力
编码员	1. 根据系统设计与现有的详细设计文档进行代码编写 2. 进行系统测试、上线和运行支持

续表

岗位名称	岗位职能
软件测试&质量保障工程师	1. 按照软件规范流程，结合产品研发的实际情况，负责产品的质量保障工作，职责包括质量保障策划、工作产品和过程审计，组织技术评审，对项目组进行过程辅导等 2. 对现行过程定义进行分析，提出过程改进建议，并组织实施 3. 执行软件集成测试、系统测试工作
产品发布工程师	1. 负责软件产品的打包、安装部署工作 2. 提供技术支持，反馈用户的使用意见
项目实施顾问	1. 预测项目需求 2. 预测项目可能存在的问题，并提出相应的解决办法 3. 提供项目解决方案的咨询 4. 具备丰富的软件开发和管理经验，专业技术能力强
项目实施工程师	1. 帮助客户安装、调试系统，使之正常运行 2. 负责对客户的系统进行流程梳理，根据客户现有的流程进行系统的升级 3. 负责对客户的培训 4. 收集客户提出的需求或变更，并将之反馈给技术人员

1.1.3 中等职业学校计算机软件专业人才适宜岗位分析

在上述的软件企业人才组织架构中，各岗位都有着较清晰的岗位职责要求，对从业人员的知识体系、技术能力、项目经验等都有明确的说明。通过对以上各岗位的分析，中等职业院校培养的计算机软件专业毕业生可胜任的岗位不多，主要集中在基础范畴的代码编制、简单测试、培训咨询和营销服务等。因为受到知识体系和逻辑思维方面等因素的影响，适合他们的岗位群有软件产品服务类的培训咨询、销售、技术支持岗位；软件研发类的编码员、测试员岗位；需求开发类的软件客户代表、文档制作员岗位。下面以表格的形式对以上几个岗位的专业技能要求做概要描述，见表 1-1-4。

表 1-1-4 中职软件人才可胜任的岗位信息

类别	岗位名称	岗位描述	专业技能要求
产品服务人员	培训咨询	1. 对用户的业务流程要有比较深刻的了解和认识 2. 对软件的操作、设置十分熟练，功能了解非常清晰 3. 非常清楚用户的业务在软件上是如何实现的 4. 解答和处理操作过程中出现的相关问题 5. 熟悉软件安装和运行环境设置，能够熟练进行初始化设置 6. 掌握软件的数据备份、恢复操作及异常处理	1. 逻辑思维要清晰，语言表达准确 2. 懂得常用操作系统的安装与配置 3. 懂得常用数据库的安装与配置 4. 使用常规软件如 Office 等，制作培训教程

续表

类别	岗位名称	岗位描述	专业技能要求
产品服务人员	销售	1. 十分熟悉软件所实现的功能及软件的优势 2. 建立、维护、扩大销售终端，完成分销目标、分销计划 3. 按照公司计划和程序开展产品推广活动，演示介绍产品并提供相应资料 4. 建立客户资料卡及客户档案，完成相关销售报表 5. 与客户建立良好关系，以维护企业形象	1. 熟悉要销售的软件产品架构，对销售的软件有简单的操作能力；清楚地了解销售软件所依托的操作系统、数据库系统平台 2. 对销售的软件、相关的操作系统和数据库平台的差异性要有一定的认识 3. 良好的口头和书面表达沟通能力
	技术支持	1. 解答和处理软件运行过程中出现的技术问题 2. 培训客户的日常维护运行技术保障人员 3. 能够熟练进行操作系统、数据库和软件的安装与调试，能够熟练进行初始化设置 4. 掌握软件的数据备份、恢复操作及异常处理 5. 收集软件运行期间出现的各类异常信息，反馈给项目经理 6. 熟练运用公司产品，并能从机理上进行全面解释 7. 解答客户、代理商所涉及产品的技术问题	1. 逻辑思维清晰，语言表达准确 2. 熟悉企业软件产品使用方法等 3. 熟练进行常用操作系统、数据库的安装与配置 4. 能够进行常规网络规划与实施 5. 总结和归纳客户使用过程中常见的问题，并提出解决办法
软件研发人员	编码员	1. 按照开发进度和编程规范及设计说明书进行代码编写 2. 按照要求，修改相应代码 3. 根据系统设计与现有的详细设计文档进行系统编码	1. 了解一种主流数据库系统 2. 掌握一种主流开发平台 3. 熟练掌握一种主流开发工具，并进行代码编写
	测试员	1. 执行项目测试计划、测试方案 2. 能执行功能性测试和黑盒测试 3. 协助搭建测试环境 4. 记录测试情况，及时将测试结果反馈给有关部门，并提交项目进展报告 5. 维护、更新适用的测试版本和结构	1. 了解被测软件的系统结构及软件测试技术 2. 熟悉系统软件、应用软件的安装配置及测试流程 3. 按照项目要求，掌握相关测试工具的应用 4. 熟悉质量管理体系标准

续表

类别	岗位名称	岗位描述	专业技能要求
需求开发人员	客户代表	1. 模拟终端用户的角色，为项目提供客户需求描述 2. 进行客户满意度调查，收集客户意见与建议	良好的沟通能力
	文档制作员	1. 搜集和整理软件开发全过程项目文档资料 2. 编写操作说明书 3. 审校维护手册	1. 了解软件开发流程 2. 掌握常用软件文档编制工具 3. 基本的写作能力

1.1.4 软件生产模式变化分析：软件工厂

面对巨大的软件需求，如何保质保量，并且如何更好地降低软件开发成本是当前各软件公司所极力关注的问题，并且大部分公司都有切实的行动。目前公认比较有效的做法是采用软件工厂。

在中大规模的软件开发过程中通常存在以下两个问题：

①软件的质量难以保障；

②软件开发的成本难以下降。

针对这两个问题，目前相对比较有效的解决方案就是搭建软件工厂，将软件开发过程分解成足够小的环节单元，严格按照规范执行整个过程(每个环节严格测试后，进入下一个环节)，同时配以相关的构件和工具简化相关环节的复杂度，提高自动化程度。

从本质上可以认为软件工厂是将复杂的软件开发过程，转换为虽烦琐庞杂但每个环节都是简单机械的软件过程。这个意义是重大的，因为简单机械的实现和控制非常容易，可以很好地保障质量。虽然工作量增大了，但是随着技术工艺的改进，很多机械的工作可以自动处理，同时对人员素质的要求也逐渐下降。不再一味地需要高级程序技术员，可以更好地使用中低级的技术员。这无疑降低了成本，同时也为大量的中低级技术人才提供了就业的机会。

软件工厂的形式多种多样。有简单的软件加工工厂(只针对软件的某个环节进行重点加工，比如当前所流行的软件外包大多是这种模式)，有软件检测工厂(对具体软件或者构件进行测试评估的工厂)，有软件生产工厂(负责一个完整的软件生产过程)。

软件的结构在编写代码之前由软件设计策划人员分解设计成很多的单一模块，从而可以依据工厂产品生产模式建立“软件生产线”，由零件库(构件库、可复用模块库)、生产平台(中间件)和装配线(软件生产线)三部分组成，将软件生产过程“流水作业”化。如图 1-1-3所示。

软件工厂将在不久的将来得到大力的推广，这对于中职计算机软件专业教育发展来说是个契机，因为软件工厂中更多的不是需要高级的技术人才，而是中低级的技术工人。需要的不再是学历和资历，而是技能。根据软件工厂的需求，这些技能包括：模块的代码编写(Java、C#)、SQL 编写、WEB 布局编程(html、Css、javaScript)、模板制作(熟悉

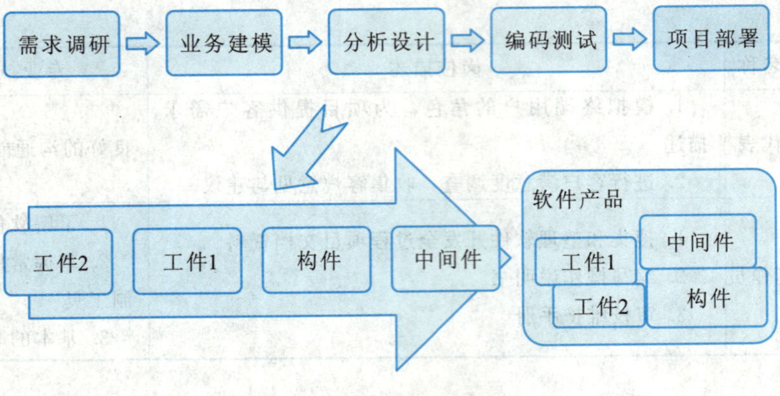

图 1-1-3　软件工厂模式

XML 应用开发)、环节测试(编码、录入测试工具、制作报表)等。这些技能，将用在软件生产过程的多个环节。

(1)软件工厂建设(见图 1-1-4)

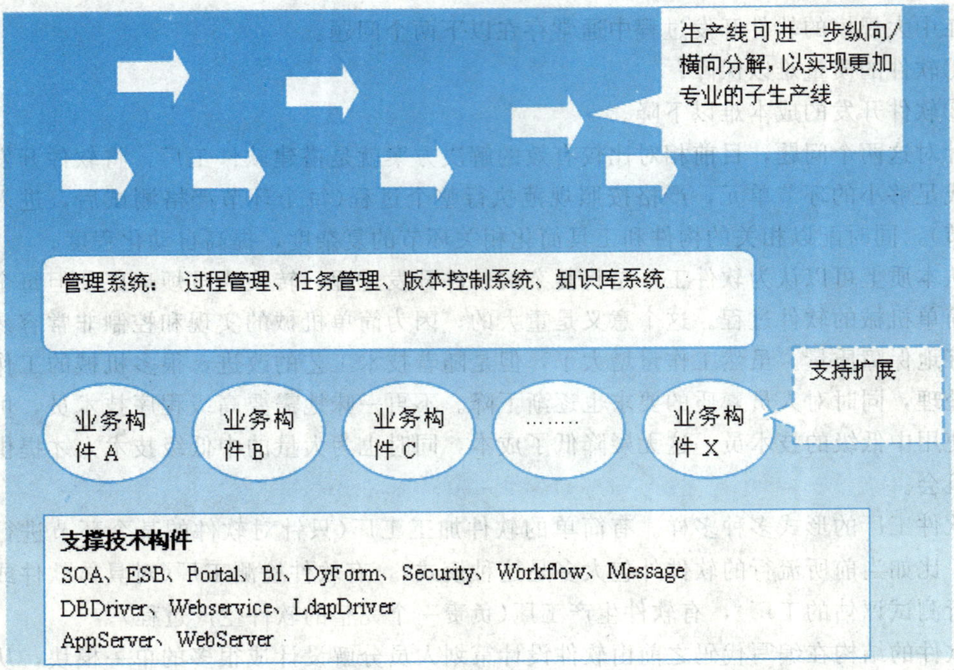

图 1-1-4　软件工厂建设

[**支撑技术构件**]作为软件工厂的根基，在保障工厂技术的水平层次级别外，还用以保证该工厂的零部件的充分库存。

[**业务构件**]一个成熟的、高效的工厂生产线，需要很多辅助工具和自动化装置。业务构件的意义就是提供辅助工具或自动化装置，可以更好地优化生产线，提高生产线工人的生产效率和质量。

[管理系统]生产过程要保质保量，需要大量的管理，以保证灵活、直观、及时地控制管理整个生产过程和资源计划。

(2)从规划到生产的环节(见图 1-1-5)

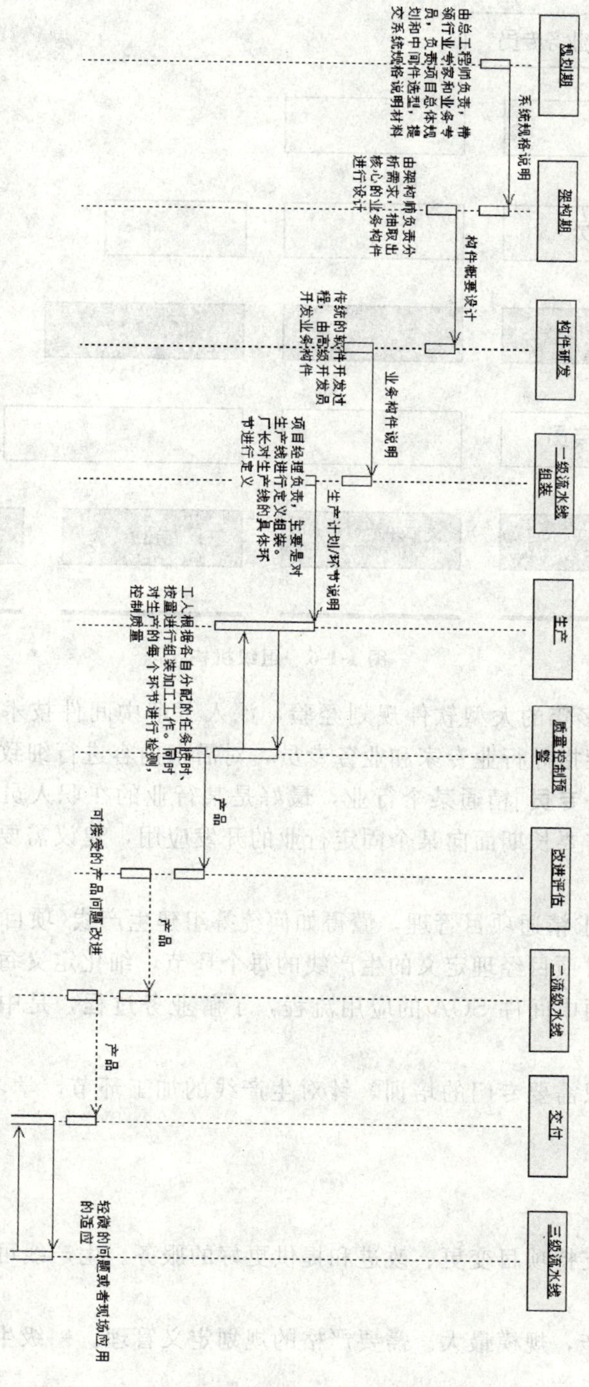

图 1-1-5 生产环节

组织机构见图 1-1-6。

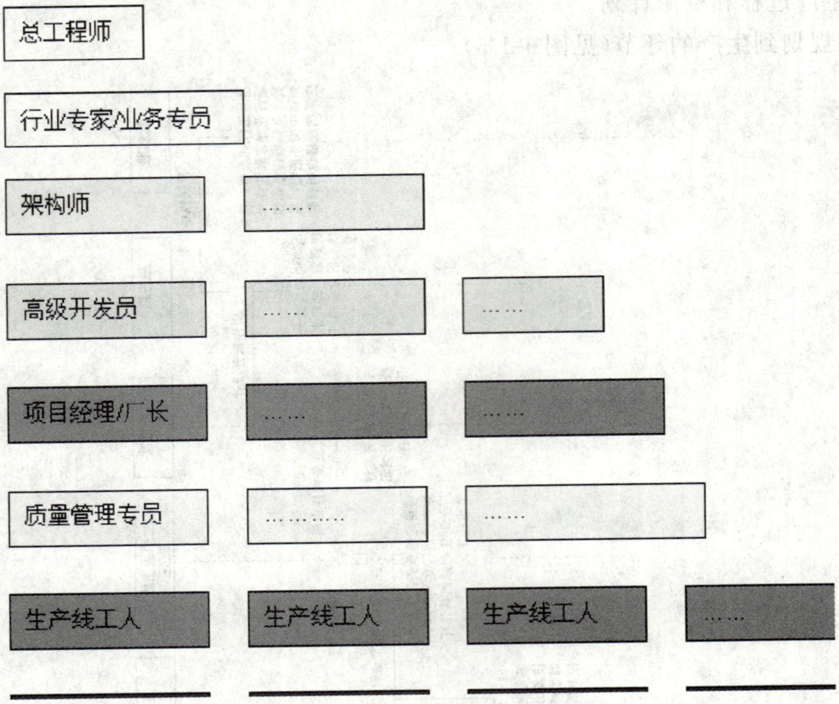

图 1-1-6　组织机构

[总工程师] 有多年的大型软件规划经验，深入了解中间件技术发展动态，甚至是技术构件的提供者，能指导行业专家和业务专员，对需求内容进行细致的分析和挖掘。

[行业专家/业务专员] 精通某个行业，最好是某行业的在职人员。这部分人员可以采用外聘形式，如果需要长期面向某个固定行业的开发应用，建议需要培养内部的行业专家与业务专员。

[项目经理] 要求精通项目管理，懂得如何统筹组建生产线(项目计划)。

[厂长] 负责针对项目经理定义的生产线的每个环节，细化定义每个环节的规格参数和操作要求。厂长精通中间件 SOA 的应用流程，了解业务过程，是中间件技术的高级使用者和应用指导者。

[生产线工人] 只需要专门的培训，针对生产线的加工环节，学习针对性的技能知识，要求工作认真细心。

(3)生产线建设

1)纵向建设

为了能更好地支持项目变更、改进和提供更好的服务。生产线可纵向分为 3 级：

①一级生产线

负责软件的生产，规模最大。需要严格的规划定义管理。一级生产线通常是负责从无到有的第一次软件生产。

②二级生产线

软件在使用过程中，升级和改进的需求是持续存在的。二级生产线的目的是对已存在的软件进行加工改进。

③3 级工厂

软件现场服务工厂。通常是分配到客户现场，为客户提供使用期支持，3 级工厂主要在软件交付用户使用后在维护期间发挥作用。3 级工厂规模上可适当简化。

2)横向建设

为了提高生产线的生产质量，提高生产线的专业化程度，需要进行软件的横向建设，横向建设的目的是为了将粗粒度的生产线分解成更细粒度的生产线。

横向建设的结果是形成多个专门生产线。比如：专门负责软件外观加工的生产线，负责本地化语言加工的生产线，负责报表制作的生产线。

横向分解生产线的意义：

①形成专门生产线，可进一步提升和改进生产的质量和效率。

②缩短新生产线组装实现的周期，项目经理在组装生产线时，就可以直接选择现有的专门生产线进行组合拼装，快速实现新的生产线。

如某软件工厂有以下两条流水线，如图 1-1-7 所示。

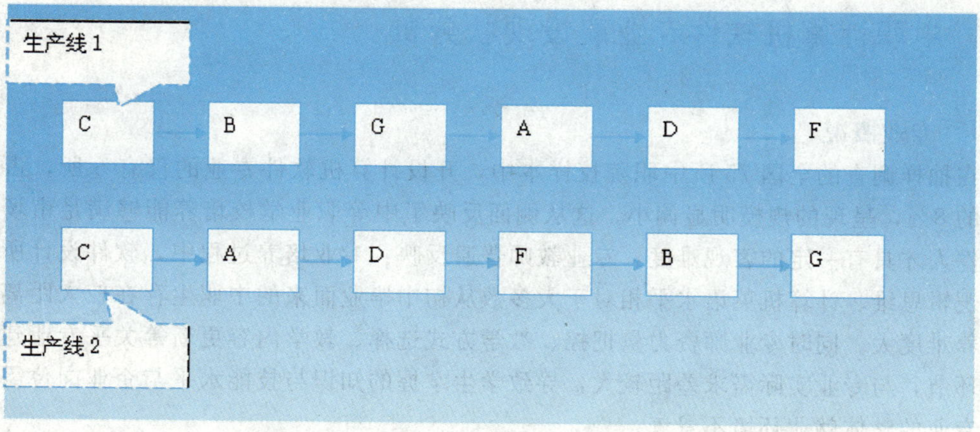

图 1-1-7 流水线

对其改进，独立一条专门流水线 ADF。并且基于专门流水线简化流程，如图 1-1-8 所示。

实现专业生产线后，除了可以简化生产线组装，提高专业生产水平外，还可以单独运作，如承接外部订单，通过适当的适配模块，对外提供加工服务。

③提高生产线的负荷量。项目经理通过统一的规划管理，使用合适的生产线调度算法可以实现生产线的满负荷运转，提高生产线的投资回报率。

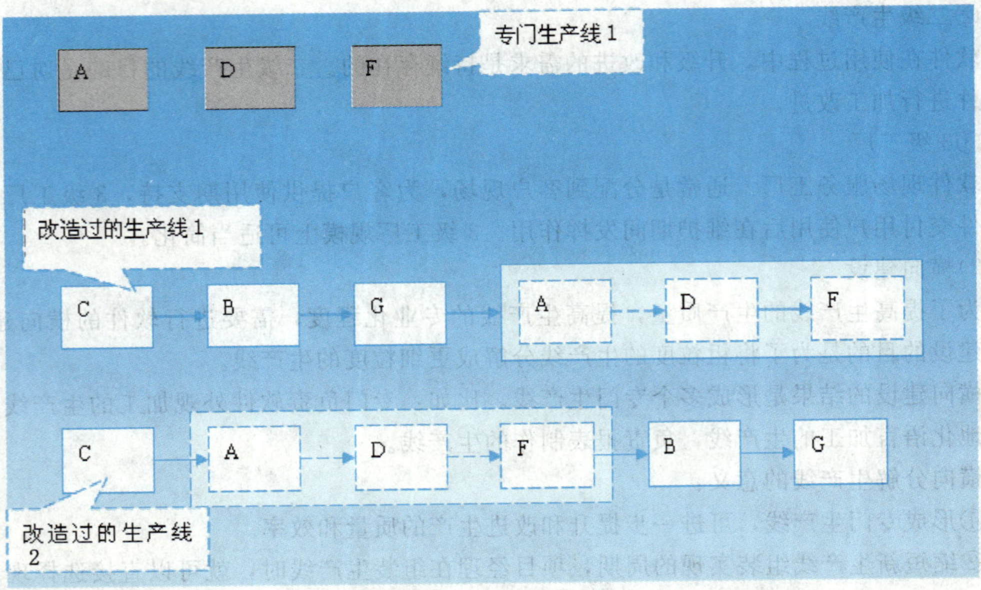

图 1-1-8　优化的生产线

1.2　中职计算机软件专业建设现状分析

1.2.1　专业概况

在抽样调查的全国75所中职院校样本中，开设计算机软件专业的仅有6所，占调查总数的8%，呈现的规模明显偏小。这从侧面反映了中等职业学校培养能够满足市场需求的软件人才具有一定的客观难度，专业教师普遍反映：专业培养过程中，软件设计所需的抽象逻辑思维、计算机英语水平相对于大多数从初中毕业而来的中职生存在较大距离，造成培养难度大。同时专业师资力量把控、教学方式选择、教学内容更新等关乎专业建设的重要环节，与专业实际需求差距较大，导致学生掌握的知识与技能水平与企业岗位需求相左，专业的整体就业环境不景气。

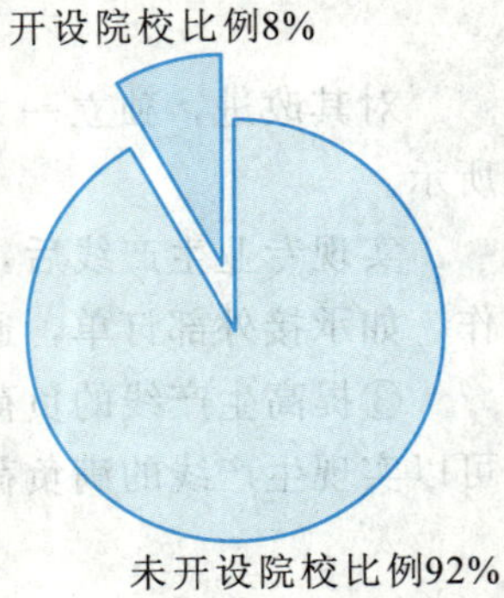

图 1-2-1　专业开设比例

在专业培养方案上，根据调查的数据结果显示，目前开设本专业的院校基本上都沿用其他如计算机应用、电子信息技术等相关专业的培养方案，只是对课程体系做了简要、局部的调整。知识培养目标的定位存在较大偏差，基本上无法达到预期的目标。而且专业培养方案一旦制定，基本上数年不作更新。这与计算机软件发展技术平台变化快的特性严重不符。特别是伴随着计算机硬件与互联网应用的快速发展，人们对软件注入了更大的需求和更高的要求。软件在自身规模、复杂程度、服务模式、生产方式等各方面也发生了相应的变化。因此，不能与时俱进的专业培养方案已经无法适应软件行业发展变化的步伐，调整、构建灵活的专业培养方案是大势所趋。

1.2.2 师资整体情况

抽样调查的数据显示，在中等职业院校任教的计算机软件或其他相关专业教师多数集中在 31～40 岁的年龄段，占据调查样本的 56%。这种以中青年教师为主的年龄结构比较合理，适宜软件专业的教学需要。在学历方面，本科学历的占 90%，研究生及以上学历的占 4%，足以满足中等职业教育的基本要求。在职称结构上，以中高级为主，二者比例已经超过三分之二。其中，拥有高级职称的占 9%，中级职称的占 67%。

但是，在专业实践教学方面，绝大部分教师因为缺乏真实项目的训练体验，对软件项目的组织和流程、系统性和规范性主要还是停留在感性认识阶段。对企业采用的主流技术、岗位架构等了解不多，甚至感到生疏。在对教师知识欠缺的调查中，74%的教师表示欠缺操作实践实训知识，70%的教师表示有待提高实践操作技能。在短期内学习掌握新技术方面，23%的教师表示比较轻松，33%的教师表示比较吃力，44%的教师表示有困难。在指导学生实训方面，只有19%的教师感到能完全胜任，在实训过程突发问题的解决上，只有 13%的教师表示能熟练妥善处理。

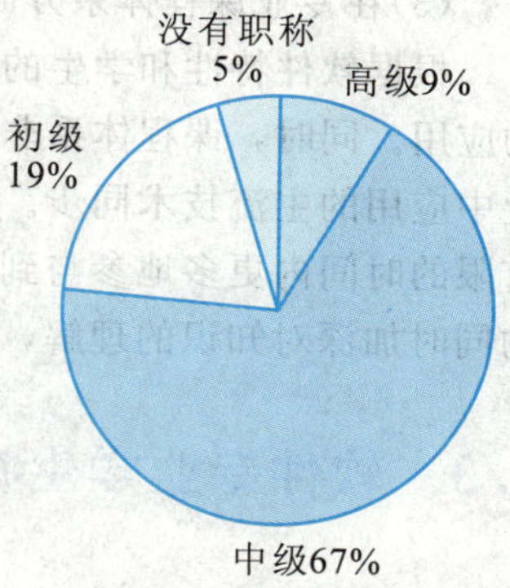

图 1-2-2 中职教师的职称比例

在职业技能培训方面，有 77%的教师表示曾接受过培训，但是接受企业实训实践的仅占 17%，属于专业进修培训的占 38%，属于职业技能鉴定与考证的占 47%。在培训内容方面，与企业生产流程或软件开发流程相关的占 29%，属于现代企业文化的占 14%，属于企业人才需求方面的占 18%。对培训内容的期待方面，有 70 人期望接受软件生产流程或软件开发流程方面的培训，占调查人数的 56%，另外，64%的人期待接受企业人才需求方面的培训。在培训效果的认同上，53%的人觉得培训对自身工作有帮助，41%的人认为只有一定的帮助，另外 2%的人觉得纯属浪费时间，还有 4%的人觉得没有帮助。

虽然师资队伍具备年龄及学历、职称的结构优势，但是在职业技能与专业实践上，师资存在严重能力缺失，无法适应软件行业快速发展变化的步伐，直接影响了教育教学效果，无法保证学生的技能水平与市场需求的吻合，进而阻碍了专业的整体建设步伐。

1.2.3 国外专业比较

相对于国内而言，许多发达国家在 20 世纪 60 年代就开始意识到，伴随着计算机技术的发展及信息化应用的普及，应用型软件人才需求凸显出来，而这些需求光靠传统大学的教育是无法满足的。因此，美国开设的社区学院、英国的三级学院、德国的高等专科学校、法国的技术学院、日本的专修学校等都开设有软件专业。而且国外对软件专业的培养模式与专业建设方面，有许多值得借鉴的地方：

(1)构建“能力本位”的培养体系

国外的职业教育为了减少软件企业对学校培养专业人才的抱怨，逐渐改变了以往只注重知识和理论掌握的培养模式，除了加强学生对软件开发过程的认识和相关知识的理解外，更加强调过程中每个环节的实际动手操作能力，如构建模型表达需求和设计过程、动手编写文档、编码、测试等。

(2)重视学生的软件项目实践训练环节，同时并重职业能力与素养

美国的社区学院尤为明显，通过与真实项目、真实需求结合，帮助学生理解知识和明确知识的具体应用，强化对编码、测试等软件开发技能的培训。德国职业教育体系在本专业的教育过程中也非常注重实践及严格的训练。一般需要2/3的时间用于在软件企业接受真实环境下的项目培训，只有约1/3的时间在学校学习与就业岗位相关的理论知识。

(3)在专业课程体系方面

根据软件特性和学生的层次水平，课程目标定位明确，既突出专业，又体现编码技能的应用。同时，课程体系非常灵活，通过与企业的深度合作，课程包含的知识和技能与企业中应用的主流技术同步。另外，课程精练，既能保证足够的知识含量，又能确保学生在有限的时间内更多地参与到软件需求、软件编码、软件测试等实践活动，在掌握编码技能的同时加深对知识的理解，也有益于知识在真实的软件开发流程中的灵活应用。

1.3 软件专业学生特点分析

1.3.1 学生知识结构分析

中等职业教育是在高中教育阶段进行的职业教育，目的是在九年义务教育的基础上培养技能型人才和高素质劳动者。中等职业教育是目前我国职业教育的主体，主要由中等职业学校实施，招生对象主要是初中毕业生和具有初中同等学历的人员，基本学制以三年制为主。

按照目前的录取原则，中职院校的主要生源未曾通过选拔等方式的考核，质量层次良莠不齐，特别是在学生知识结构方面，与软件专业要求存在一定的出入。因为在专业培养过程中，学生要有一定的数学逻辑思维，以及基本的计算机、英语认知能力，对程序逻辑的分析理解和代码的学习编写等都具有极大的意义。而事实上，数学和英语相对于本专业的大多数中职学生来说却恰恰是比较薄弱的，从而在学习过程中就显得尤其吃力。

受逻辑思维能力和基础英语认知能力的约束，增加了学生对专业知识的理解和教师的课堂讲授难度。学生的这种普遍状况提醒教师在专业教学的过程中必须有所注意。例如，教学案例的选择需浅显易懂，教学方法的选择需灵活有效。教学过程既要提升学生学习的积极性，又要保证技能传授的有效性。面对学生的弱项，不能因此而回避或以此为借口，而是需要通过侧面进行弥补改善。

1.3.2 其他特征

中职院校的学生除了在逻辑和英语方面的知识结构给培养目标和教学方式带来影响以外，还存在一些其他的特征因素值得关注：

(1)学生层次的差异

部分成绩优异的学生，迫于家庭困难的无奈而选择了学费相对比较便宜的中职院校。同时，还有一部分学生，纯粹因为学习成绩偏差而不得不选择中职院校。因此，学生之间的这种差异必须引起教师的注意，在教学过程和教学方案上有所兼顾。

(2)专业选择的随意性和盲目性

中职院校的学生在报考专业时，因为对自身的兴趣缺乏理性的认识，对社会的需求变化又知之甚少，以致在专业选择上欠缺谨慎的考虑，存在比较明显的随意性和盲目性。当真正面对专业课程时，才发现与预期的差距。不少同学因此丧失了学习的兴趣和动力。所以，面对学生的这种心态变化，需要在入学初期给予学生必要的心理干预和疏导，并且在学习过程中也应增加相应的专业引导和学习鼓励。

(3)心智尚不成熟

中职院校的生源主要集中在初中毕业生，自律、自理能力相对不够成熟。他们通常以感性的思维指导行动，容易产生心情波动，影响学习生活。因此，需要在日常的学习过程和生活中多给予关注、关心、关爱和鼓励。加强对他们的监督和管理，强调以学习知识和技能为中心，切实帮助学生成熟成长。

1.4 软件专业培养方案分析

专业培养方案和课程结构体系体现了专业办学的定位及对人才培养目标和培养模式的理解，它不仅是学校教育、教学的指导性文件，而且也是人才培养和组织教学的主要依据。科学的培养方案对高质量人才的培养具有重要的意义，特别是对以技能培养为主的中职计算机软件专业而言，科学的培养方案不仅意味着要符合软件行业的技术发展要求，体现市场的主流技术，还要密切吻合企业的岗位技能需求，符合软件企业系统化的工作过程。所以，培养方案的制定是否以就业为导向，直接影响着学生毕业后的工作与生存，也决定着计算机软件专业的生存。

1.4.1 培养方案样本分析

根据前期对国内中等职业院校的抽样调查结果显示，能提供完整计算机软件专业培养方案的学校仅3所，其余的则采用“计算机应用”等相关专业的培养方案改造而成。由于开设计算机软件专业的中职院校不多，而且专业培养方案制定没有统一标准，所以普遍都显得比较混乱。此外，培养方案的内容与市场需求脱节比较严重，培养方案相对于软件行业的技术发展存在严重的滞后。以下以实例形式，对两个中职院校的计算机软件专业培养方案进行分析。

样本 1：某中职学校计算机软件专业培养方案

表 1-4-1　样本 1：某中职学校计算机软件专业培养方案

总学分：178		政治文化		工具		公关		职业群		活模块		专业选修		实习		公益		必修占总时%	限选占总时%	选修占总时%
课时合计	学分合计	课时	学分	课时	学分	课时	学分	课时	学分	课时	学分	课时	学分	课时	学分	课时	学分			
3492.0	178	864	56.0	144	10	54	3.0	684	38.0	270	17	324	18	1080	34	72	2	70	21	9

课程类别	科目	性质	课时/学分	第一学年						第二学年						第三学年					
				18 周			18 周			18 周			18 周			18 周			18 周		
				总时	周时	学分	总时	周时	学分	总时	周时	学分	总时	周时	学分	总时	周时	学分	总时	周时	学分
政治文化	德育	必修	18	36	2	2.0	36	2	2.0	36	2	2.0	36	2	2.0						
政治文化	体育	必修	18	36	2	2.0	36	2	2.0	36	2	2.0	36	2	2.0						
政治文化	语文	必修	18	72	4	4.0	72	4	4.0	36	2	2.0	36	2	2.0						
政治文化	数学	必修	18	72	4	4.0	72	4	4.0	36	2	2.0	36	2	2.0						
政治文化	英语	必修	16	72	4	5.0	72	4	5.0												
工具	计算机	必修	18	72	4	4.0	72	4	4.0												
工具	计算机证书	必修																			
公关	健康教育	限选	18	18	1	1.0															
公关	公关礼仪	限选	18							18	1	1.0									
公关	就业指导	限选	18										18	1	1.0						
职业群	电子线路	必修	18				72	4	4.0	72	4	4.0									
职业群	数据库基础	必修	18							72	4	4.0									
职业群	程序设计基础	必修	18							72	4	4.0	72	4	4.0						
职业群	电子工艺	限选	18	54	3	3.0															
职业群	电工基础	限选	18	72	4	4.0	72	4	4.0												
职业群	数字电路	限选	18										54	3	3.0						
职业群	网络基础	限选	18										72	4	4.0						

续表

课程类别	科目	性质	课时/学分	第一学年						第二学年						第三学年					
				18周			18周			18周			18周			18周			18周		
				总时	周时	学分	总时	周时	学分	总时	周时	学分	总时	周时	学分	总时	周时	学分	总时	周时	学分
活模块	获专业技能证书	必修																			
活模块	网页制作	限选	18										72	4	4.0						
活模块	Delphi	限选	18							72	4	4.0									
活模块	软件工程	限选	18							54	3	3.0									
活模块	asp. net 程序设计	限选	18										72	4	4.0						
专业选修	物理	选修	18	36	2	2.0	36	2	2.0												
专业选修	音乐美术	选修	18	18	1	1.0	18	1	1.0												
专业选修	企业管理软件设计	选修	18				72	4	4.0												
专业选修	软件测试方法	选修	18							54	3	3.0									
专业选修	. Netweb 设计	选修	18	72	4	4.0										72	4	4.0			
专业选修	SQL Server	选修	18													72	4	4.0			
专业选修	C++程序设计	选修	18							72	4	4.0									
专业选修	微机安装与维修	选修	18				72	4	4.0				72	4	4.0						
专业选修	Jave 程序设计	选修	18										72	4	4.0						
实习	综合实习	必修	32													540	30	17.0	540	30	17.0
公益	军训公益劳动	限选	36	36	2	1.0				36	2	1.0									
总课时及总学分																					
考取何种计算机证书				办公软件应用(ATA)中级									考取何种专业资格证书			计算机应用类或无线电装接工或电工					

注：总课时不含德育活动时间。文化基础课课时占40%，专业课课时占60%

表1-4-1所示的某校培养方案中，与当前软件行业人才的需求极不适应，表现为：

(1)软件专业的课程设置延续着传统计算机应用、电子等专业的培养架构思路，把大量诸如电子线路、电子工艺等电子类课程安排到软件专业课程结构中，说明方案设计者不清楚专业培养目标。

(2)将软件测试方法、.Netweb设计、SQL Server、Java程序设计、C++程序设计、软件工程等与软件开发关系密切的课程定义为专业选修课程，说明方案设计者对专业技能结构要求不明确。

(3)实践课比例明显偏低，与软件非相关课程比重比较大，从整体的课程分布上看必修学时占70%，其中被公共课和基础课占去绝大部分时间，必修课只有数据库基础、程序设计基础两门，合计只有216学时，仅占必修课总学时的8.8%，剩余30%的学时作为选修学时，并非全部用来安排软件开发技能培养必须课程。

(4)课程安排与当前行业主流的软件开发技术关联不紧密，比如Delphi等。

(5)课程设置在技术层面上不符合技术逻辑性要求：整个课程设置没有贯穿软件设计过程的思想，与软件开发的联系不紧密，课程设置上条块分割，没有连续性。

(6)软件专业教学教师资源欠缺：从培养方案中可以体现学科带头教师不了解软件开发过程，不了解当前软件企业的岗位配置情况，没有软件开发经验，不具备软件专业教学能力。

样本2：某中职学校计算机软件专业培养方案

(1)专业名称

计算机及应用(软件方向)

(2)入学要求

初中毕业

(3)学习年限

三年

(4)培养目标

本专业培养从事计算机中小型应用系统开发、使用及其维护工作，熟悉在数据处理、企业管理、财务会计、行政事务处理等方面应用计算机的高等技术应用型人才。毕业生可从事一般企事业单位的计算机应用和管理工作。

(5)人才培养规格(见表1-4-2)

表 1-4-2 人才培养规格

能力结构	一般能力	1. 熟练的语言及文字表达能力 2. 具有良好的团队合作精神和职业精神 3. 具有一定的人际交往能力 4. 具有自主学习的能力 5. 具有获取信息的能力
	职业能力	1. 对计算机系统的操作能力 2. 掌握常用管理系统使用和维护的方法 3. 掌握基本的开发语言知识 4. 了解计算机软件产品及其开发过程的基本知识 5. 具有在项目负责人的指导下，按照规范编写程序源代码的程序设计能力 6. 利用数据库管理软件开发信息处理系统的能力 7. 能够根据详细设计说明书编写规范的程序代码并进行调试和单元测试，能解决在编码过程中遇到的技术问题 8. 能够进行代码维护工作

(6)专业(实训)课程(见表 1-4-3)

表 1-4-3 专业课程

项目	主要教学内容与要求	技能考核项目与要求
计算机基本操作和使用	1. 计算机基本操作、中英文输入、计算机网络基础、Internet 应用基础、计算机组装与维护、操作系统的安装配置与管理、常用工具软件 2. 通过课堂教学和技能实训，使学生熟练掌握计算机的基本操作；掌握电脑硬件的基本知识，具备计算机硬件的选购与装配的知识和能力，能独立组装一台计算机；了解计算机网络的基本知识、熟悉 Internet 的基本操作，能熟练从网上查询和下载专业资料	1. 计算机基本操作、文字录入、计算机的配置、组装和故障维修 2. 达到“高新技术”考证中“初级操作员”和“微型计算机安装调试与维修”考试模块有关技能要求
办公自动化应用	1. 办公应用软件的使用、办公自动化设备的使用与维修 2. 通过课堂教学和技能实训，使学生熟练掌握办公应用软件的安装与使用；掌握办公自动化设备的使用与维修并能对一些常用的图片进行简单处理	1. 办公软件应用、办公自动化设备的使用与维修 2. 达到“高新技术”考证中“办公软件”高级和“图形图像处理”中级有关技能要求

续表

项目	主要教学内容与要求	技能考核项目与要求
使用和维护常用的管理系统	1. 常用管理系统的使用和维护、计算机专业英语 2. 通过学习和训练，使学生熟练掌握常用管理系统的使用、管理和维护、能够查阅英文信息技术资料、阅读英文软硬件技术文档	1. 常用管理系统的使用和维护 2. 能够胜任一般企事业单位管理平台的使用和维护工作
小型管理系统的开发	1. 程序设计语言(包括面向对象程序设计语言和可视化程序设计语言)、软件开发流程、数据库原理与应用、软件测试与维护 2. 通过学习和训练，使学生了解计算机软件产品的开发流程；具有在项目负责人的指导下，按照规范编写程序源代码的程序设计能力；具备简单的数据库开发、数据管理与维护的技能，能够对软件进行测试与维护	1. 程序设计语言、数据库原理与应用 2. 达到“高新技术”考证中“应用程序设计”和“数据库应用”中级有关技能要求

(7)教学安排(见表 1-4-4)

表 1-4-4　教学进程表

课程分类		序号	课程模块名称	总学时	理论课时	实践课时	学期学时分配(周学时)						学分	备注
							第一学年		第二学年		第三学年			
							1	2	3	4	5	6		
							19 周	19 周	20 周	20 周	22 周	18 周		
							12	12	12	12	24	24		
基本素质模块	必修模块	1	体育	156			2	2	2	2			6	考查
基本素质模块	必修模块	2	德育	156			2	2	2	2			8	
基本素质模块	必修模块	3	应用语文	80					2	2			4	
基本素质模块	必修模块	4	社交礼仪	38			2						2	1 或 2 学期
基本素质模块	必修模块	5	计算机入门操作	32			2 周						2	
基本素质模块	必修模块	6	文字录入	194			2	4	2	2			12	2，6，2，2
基本素质模块	必修模块	7	入学教育、军训	60			2 周						2	
基本素质模块	任意选修模块	8	选修课程	156			2	2	2	2			8	考查
基本素质模块	任意选修模块	9	其他(综合教育二课堂)	156			2	2	2	2			8	学管部门报送成绩

续表

课程分类		序号	课程模块名称	总学时	理论课时	实践课时	学期学时分配(周学时)						学分	备注
							第一学年		第二学年		第三学年			
							1	2	3	4	5	6		
							19周	19周	20周	20周	22周	18周		
							12	12	12	12	24	24		
专业素质模块	必修模块	10	收集用户需求	16			1周						1	
		11	需求分析	32			2周						2	
		12	确定项目	16			1周						1	
		13	功能设计	16			1周						1	
		14	架构设计	16			1周						1	
		15	数据库设计	64			4周						5	*
		16	编写代码	480			7周	19周	4周				33	*8，*20，*5
		17	编写测试计划、用例	32					2周				3	*
		18	测试	48					3周				4	*.
		19	编写用户手册	16					1周				1	
		20	编写帮助文档	16					1周				1	
		21	发布程序	16					1周				1	
		22	Photoshop中级考证	64					4周				4	
		23	VB中级考证	64					4周				4	
		24	系统开发	224						14周			15	*
	限定选修模块	25	Dreamweaver(考证)	48						3周			3	
		26	AuthorWare(考证)	48						3周			3	
综合模块	综合实践	27	岗位实习	660							22周		22	
		28	顶岗实习	540								18周	18	
	高职单招补习	29	语文								6	6		
		30	数学								6	6		
		31	英语								6	6		
		32	专业课								6	6		

续表

课程分类	序号	课程模块名称	总学时	理论课时	实践课时	学期学时分配(周学时)						学分	备注
						第一学年		第二学年		第三学年			
						1	2	3	4	5	6		
						19 周	19 周	20 周	20 周	22 周	18 周		
						12	12	12	12	24	24		
合计			3444									175	
备注：考证通过一门奖励 2 学分，最高封顶为 8 学分。第三学年参加高职班学习的学生可以不参加综合实践。													

对于软件开发方向，此培养方案在课程设计上基本合理，涵盖了软件开发过程中所需的专业知识与技能，在课时的分布上也体现了重点与辅助课程的比例，但存在以下缺点：

(1)对中职生的培养定位过高

比如“需求分析”、“架构设计”、“数据库设计”和编写测试计划制定、用例设计等，这些内容在本科传授尚且存在障碍。

(2)技术滞后

个别课程设置与当前软件企业流行技术不一致，比如 VB。

(3)课程设置不合理

1)时间安排不合理：多个课程设置在时间上安排不合理，如“收集用户需求”、“需求分析”、“确定项目”、“功能设计”、“架构设计”与“数据库设计”等课程应推后一个学期学习，第一学期的重点应打基础、树概念。

2)专业相关性较低：比如应用语文、文字录入等。

3)应弱化相关证书培训：比如 Photoshop、Dreamweaver、AuthorWare 等都是为了获取证书而修的课程，与软件技能关联较少。

1.4.2 培养方案分析与制定

人才培养方案是学校实现人才培养目标和总体计划的实施方案，是学校组织和管理教育教学过程的主要依据，是学校对教育教学质量进行监控和评价的基础性文件。通过上述两个培养方案的总结分析可以得知，中等职业院校的计算机软件专业培养方案在制定过程中应注意以下几点：

(1)重视专业培养方案建设

培养方案的内容涉及培养目标、人才规格、教学时间分配、课程体系、培养模式等各方面，任何一个方面都对学生的培养质量有着重大的影响。人才培养方案作为指导学校教学的统筹纲领，是影响学生质量的源头因素，地位不容忽视。因此，在专业建设过程中，人才培养方案的制定务必引起必要的重视。

在专业建设过程中，有些院校对人才培养方案的重要性认识不够，在制定过程中比较随意，缺乏科学严谨性考虑，主要表现为：

①生搬硬套他人的培养方案，例如，将本科或高职层次的相关专业培养方案进行简单修改，增删局部课程后使用，还有一部分直接引用相近专业的培养方案。

②一成不变的培养方案，部分院校的培养方案一经制定，版本更新工作就不被重视，甚至忽略。

“拿来主义”，全盘接受他人培养方案行为，不能有效结合学校自身特色、办学条件、师资力量，通常无法适应本校教学与学生，引发众多的问题，如课程围绕老师进行设置。并且，一成不变的培养方案使课程内容与行业主流相比滞后，技能训练与企业需求不相吻合，致使培养的人才滞销，造成就业困难。所以，在专业建设过程中，如果对人才培养方案的重要性认识不够，意味着为人才培养质量和学生就业等埋下了隐患。

(2)培养方案应体现以就业为导向的指导思想

职业教育要坚持以服务为宗旨、以就业为导向，不断提高职业教育质量。培养的学生能否顺利就业，是否受社会欢迎，这是衡量职业学校办学质量的重要标准。因此，以就业为导向的思想必须贯穿并指导专业培养方案的制定。因为只有当职业教育主动适应社会行业变化和企业需求，课程架构体现系统化的工作过程，才能确保培养的学生具有较强的业务工作能力，学生的就业率才能得到有效保障，以就业为导向的指导思想才不至于成为空谈。

以就业为导向的指导方针在具体落实过程中，最注重的是专业方向的设置与工作过程体现，二者直接决定了学生毕业以后的就业前景。

(3)准确定位人才培养规格与标准

随着国内的中等、高等教育进入大众化时期，教育市场已经形成一个完全竞争市场。中等职业教育要摆脱劣势，办出特色，实现可持续发展，必须有明确的人才培养目标定位。在制定专业培养方案的过程中，人才培养规格与标准的定位，是后续确立教学模式，制定课程体系的基点和核心。科学合理的人才培养目标定位是制定科学有效的专业培养方案的首要问题。

在中职院校的计算机软件专业领域，因为软件专业自身涵盖内容的广泛与复杂，中职院校生源质量普遍较差，国内应试教育教学方式的僵硬呆板等因素都制约着中职软件人才培养目标的科学定位，成为了影响中职计算机软件专业培养方案科学性的瓶颈。

在中职院校计算机软件专业的人才培养目标定位上，可以建立一个多维度的就业需求空间，包括技术含量的复杂度、企业岗位架构、岗位职责分工，结合学生的水平和可塑性，找准中职计算机软件专业人才培养目标的坐标，是确定培养目标定位的有效方法之一。

(4)加强课程体系建设

在加强职教内涵建设的过程中，课程改革日益受到人们的重视。《国务院关于大力推进职业教育改革与发展的决定》强调“积极推进课程和教材改革”，教育部《关于全面推进素质教育深化中等职业教育教学改革的意见》明确指出：“课程改革是教育教学改革的核心任务。”然而，在改革实践中，人们对“课程”内涵有许多不同的理解，差异极大。

一个专业所设置的课程相互间的分工与配合，构成课程体系。课程体系是否合理直接关系到培养目标的达成与人才的质量。课程体系要按照突出应用性、实践性、过程性的原则进行组织，系统化地体现专业适应岗位的工作过程。教学内容要使学生在应用、技能培养中理解、掌握适度的理论知识，强调针对性和实用性；同时，应使学生具备一定的可持续发展能力。

(5)注重实践教学

“实践是检验真理的唯一标准”，在教学过程中，学生对知识的理解程度，对技能的熟练程度，对岗位的胜任程度等都需要通过具体的实践检验来完成。同时，实践教学也是检验教师教学水平，课堂教学质量的有效方式。这意味着实践教学不仅是教学过程中重要的一环，而且对教学质量的提高和学生动手能力的培养都具有重要的意义。

注重实践教学，首先要正确认识到实践教学的意义，明确实践教学在职业教育教学过程中的地位。另外，更重要的是倡导实践和课程的有效融合，实现实践教学的多样性，充分体现实践教学的地位、过程、主体和融合。

1.4.3 专业培养方案建议

在面向职业化教育的专业培养方案体系中，必须要有明确的培养目标，准确把握学生毕业后的就业岗位及岗位群，制定相应的人才规格。在课程体系建设方面，需要兼顾到行业发展、企业岗位需求、学生水平层次等综合因素。以下是一个建议性的方案，为中职计算机软件专业负责人在制定培养方案过程中提供参考。

(1)专业培养目标(见表 1-4-5)

表 1-4-5 计算机软件专业培养目标

专业名称	计算机软件专业	专业类	
学历层次	中专	专业代码	
学制	3 年	招生对象	初中毕业生
培养目标	本专业培养德、智、体、美全面发展，掌握计算机软件技术相关的基础知识、专业实践技能。能够适应现阶段软件开发平台的发展需要和其他行业的企业信息化改革需求。能在软件企业胜任基础编码、软件销售、系统维护等工作。能在非软件企业胜任网络、软硬件设备的安装、管理和维护		
就业岗位及岗位群	软件企业 1. 软件编码人员 2. 软件销售人员 3. 软件技术支持人员 4. 软件测试人员 5. 软件文档编辑人员 6. 软件产品客服人员 非软件企业 1. 网络维护与管理人员 2. 企业办公软件环境部署		

续表

专业名称	计算机软件专业	专业类	
学历层次	中专	专业代码	
学制	3 年	招生对象	初中毕业生
人才规格	知识结构 1. 具有中专水平的文化基础知识 2. 软件需求的识别、建模 3. 网络系统的安装、调试、维护 4. 掌握一门编程语言的初步运用 5. 常用工具软件的用途、操作 6. 软件的销售、操作培训技巧，常见问题解决实施		
	能力结构 1. 能按照编码工作规范及设计说明书编写代码 2. 能熟悉运用计算机办公软件及一种其他常用软件如 Photoshop、Flash 等 3. 阅读现成的资料并整理制作软件开发相关的文档 4. 能够从事软件的销售、培训咨询、安装调试等岗位 5. 企业网络、网站维护、软硬件安装		
	素质结构 1. 具有合格的政治素养和品德修养，良好的职业操守 2. 具有较强的事业心，敬岗爱业，身心健康 3. 具备团队协作精神，能够与他人和谐共处		
毕业要求	本专业需要修满教学计划中规定的学分，一个或多个以上的职业资格证书		

(2)职业岗位课程体系架构

本专业的课程体系架构直接针对职业岗位进行。整个课程体系呈现的是一张二维平面图形，横坐标是培养时间，纵坐标是课程类别。下面将列出横坐标中各个培养阶段的课程体系目标建议和纵坐标中各课程类别所包含的课程建议列表。各个院校可以结合自身情况描绘出符合本院校发展目标的专业课程体系方案。

横坐标中的时间与课程分配建议见表 1-4-6。

表 1-4-6 课程目标与时间分布

时间/阶段	课程目标
一年级	构建专业基础知识体系 本阶段的课程主要是为后续专业技能课程做基础和相关的知识储备、思想储备
二年级	加强专业技能训练 本阶段开设的课程需要以企业的岗位技能需求为基础，具有明确的针对性与过程性，目标是提高岗位胜任能力
三年级	通过校内外实训实习，强化岗位技能提升 本阶段实践注重知识在真实环境中的应用。最好在企业进行，能够有效强化岗位技能

纵坐标中各课程类别的课程列表见表 1-4-7，主要目的是提供一个参考方案，各院校可以此为基础自行调整。

表 1-4-7　课程类别信息

课程类别	课程列表
职业平台	计算机英语
	计算机应用基础
	计算机组装与维护
	网络基础
	编码基础
	软件文档阅读
	软件过程
	数据库实例分析
	团队素质拓展训练
	面试与职场礼仪
专业必修	软件测试工具应用
	软件功能测试用例与操作
	Office 综合应用
	常用办公设备操作
	Visio 应用
	Acrobat 文档制作
	软件客服训练
	软件营销实务
专业选修	Dreamweaver 网页制作
	Windows 2003 Server 的安装配置与管理
	网站建设与维护
	网络配置与维护
	软件测试文档编写
	Rational Rose 应用
	PowerDesigner 数据库设计
	Project 2003 的应用

(3)课程体系说明

课程是承载知识的重要媒介，也是学生获取知识的主要源泉之一。课程体系的设置是专业培养方案的核心内容，对学生的知识结构、职业发展具有举足轻重的意义。因此，制定科学合理、有效可行的课程体系对以就业为导向的中等职业教育更具有非凡的意义。

为了确保培养的学生能够顺利就业，必然要求学生的知识和技能能够符合甚至超越企业的期待。课程体系作为承载知识和技能的重要媒介，在建设过程中，一定要建立在广泛深入的调查基础之上，力争课程所涵盖的知识内容和技能素养不但符合行业发展的主流，而且与特定企业的特定岗位相匹配，才能从真正意义上贯彻执行以就业为导向的指导思想。

面对思维逻辑能力要求较高的软件专业和学生学习时间较短、生源质量普遍不高的客观事实，中职软件专业的课程体系改革，既要立足于学生，更要立足于岗位，兼顾好职业教育的特性，做好课程间的衔接、课程目标的科学可行。图 1-4-1 列出了课程体系的建设参考方案。

如图 1-4-1 所示，课程体系的设定，引入市场机制，以对行业、企业、就业和职业的调研为基础，以相应的调研分析报告为指导确立课程体系结构。课程体系结构需要通过在教学实施过程中的评价机制发现问题，进行相应的改革或修订，实现课程体系的自我完善。

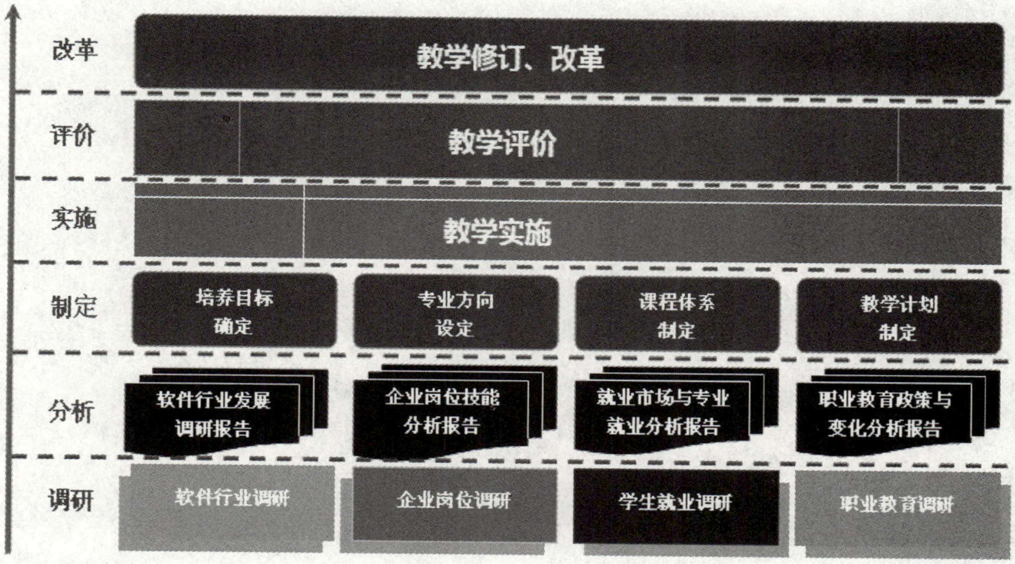

图 1-4-1 课程体系制定过程

第二部分 专业教学环境分析

2.1 软件环境

软件环境是指进行项目开发所需各种软件的集合。

2.1.1 .NET 平台软件环境

微软的 DotNet 定义：Microsoft. NET 是 Microsoft. NET XML Web Services 平台。XML Web Services 允许应用程序通过 Internet 进行通信和共享数据，而不管采用的是哪种操作系统、设备或编程语言。

(1).NET 平台

Microsoft. NET 平台提供 XML Web Services，并将这些服务集成在一起。.NET 将 Internet 本身作为构建新一代操作系统的基础，并对 Internet 和操作系统的设计思想进行了延伸，使开发人员能够创建出与设备无关的应用程序，容易地实现 Internet 连接。.NET 开发平台由一组用于建立 Web 服务应用程序和 Windows 桌面应用程序的软件组件构成，包括 .NET 框架(Framework)、.NET 开发者工具和 ASP. NET。

.NET 系统由 .NET 开发平台、.NET 服务器、.NET 基础服务、.NET 终端服务和 .NET 用户服务组成，在这五个组成部分中，.NET 开发平台中的 .NET 框架是 .NET 软件构造中最具挑战性的部分，其他四个部分紧紧围绕 .NET 框架进行组织整合。

对于中职学生来说，接触并掌握作为当前全球主流开发平台之一的 .NET 开发平台上的相关技术和理念，能够更好地融入当前软件业的开发体系中，对于就业能力的提升有着显著的帮助和促进作用。

(2)编程语言

就软件类业界的使用情况来看，.NET 平台上的编程语言以 VB. NET 和 C＃语言为典型代表。

C＃是面向组件的语言，由 Turbo Pascal、Delphi 和 Visual J＋＋的首席设计师 Anders Hejlsberg 倾心三年设计，所有的语言元素都是真正的对象，所有的 .NET Framework 中的基类库(Base Class Library)都由 C＃编写。

Visual Basic. NET 虽然是 Visual Basic 的升级版本，但并不是简单的功能改善。微软公司重新设计了该产品的核心技术，以便使开发者能够更加容易地开发分布式应用，例如，基于 WEB 的程序以及多层系统。

VB. NET 与 C＃在功能、能力、面向对象的特性上难分伯仲。尤其是 VS. NET2005 以及之后的版本中，这两种语言已经达到了惊人相似的程度。

对于中职学生来说，要掌握任何 .NET 平台上的技术和理念，都必须先针对性地学习相关的编程语言，然后才能基于语言基础进行进一步的 .NET 技术框架的学习。

(3)开发平台

.NET 开发平台是指以 .Net Framework(.NET 框架)为基础进行项目开发的软件解决方案。

.Net Framework 是微软 Web Services 的引擎，习惯性地叫做.NET 框架，同时使用 C#、VB. NET 等语言编写的程序必须在.NET 框架上运行。.NET Framework 由两部分组成，分别是公共语言运行时(CLR：Common Language Runtime)和统一类库集(FCL：Framework Class Library)。.NET Framework 的核心是其运行时的执行环境，称为公共语言运行时(CLR)。公共语言运行时(CLR)包括两部分，分别为公共语言规范(CLS：Common Language Specification)和公共类型系统(CTS：Common Type System)。统一类库集(FCL)涵盖了开发中要用到的基本框架类，如 ADO.NET、WINFORM、WEBFORM、WEBSERVICES 等类库集。

.NET 框架的一切基于.NET 平台开发出来的程序和系统的依托和支持，.NET Framework 官方发布的版本都提供了良好的向后兼容性支持。

对于中职的学生来说，只需要掌握.NET 框架的作用以及版本的识别和获取，这样就能在开发和部署.NET 项目过程中降低因部署环境造成的影响。

(4).NET 开发者工具

开发人员可以使用各种各样的编程环境，来创建 XML Web Services(.NET 平台的核心技术)。Microsoft Visual Studio .NET 代表了适用于.NET 平台的最佳开发环境。

为了保证协同开发过程中代码管理以及文档管理的一致性和高效性，Microsoft 建议使用 Visual SourceSafe(以下简称 VSS)。它是一种源代码控制系统，提供了完善的版本和配置管理功能，以及安全保护和跟踪检查功能。VSS 通过将有关项目文档(包括文本文件、图像文件、二进制文件、声音文件、视屏文件)存入数据库进行项目研发管理工作。用户可以根据需要随时快速有效地共享文件。一旦文件被添加进 VSS，它的每次改动都会被记录下来，用户可以恢复文件的早期版本，项目组的其他成员也可以看到有关文档的最新版本，并对它们进行修改，VSS 也同样会将新的改动记录下来。使用中还会发现，用 VSS 来组织管理项目，能够使得项目组间的沟通与合作更简易而且直观。

当然，为了配合当前比较流行的 B/S 系统架构模式，许多 Web 调试工具应运而生，如可以配合 IE 浏览器进行 Web 页面调试的 IEDeveloper、可以配合 Firefox 进行 Web 页面调试的 FireBug 等。

目前基于.NET 平台进行开发可使用当前基本上所有主流的关系数据库管理系统，如 SQL Server、Oracle、DB2、MySQL、Access 等，其中由于 SQL Server 和.NET 平台均来自于微软的生产线，所以和.NET 平台的兼容性最好。

为了开发基于 B/S 系统架构的.NET 应用程序，还需要应用程序服务器和 Web 的支持。Internet Information Services (以下简称 IIS)是一种强大的 Web 服务器和应用程序服务器，可为各个版本提供高度可靠、易管理和可伸缩的 Web 应用架构。IIS 帮助企业增加 Web 站点和应用可用性，同时降低系统管理成本。

(5)ASP. NET

ASP. NET 是一种建立在通用语言上的程序构架，能被用于 Web 服务器来建立强大的 Web 应用程序。ASP. NET 提供许多比现在的 Web 开发模式强大的优势。ASP. NET

使得基于通用语言的程序在服务器上运行，并可在 Visual Studio. NET IDE 环境中进行开发，并运行在 Web 应用软件开发者所能够接触到的几乎全部的平台上。

2.1.2 J2EE 平台软件环境

J2EE 平台是指以 Java 语言为基础进行项目开发的软件解决方案。

J2EE 平台的编程主要以 Java 语言为基础，Java 语言作为一种灵活性和兼容性上佳的网络编程语言，在许多领域得到广泛的应用。Java 是一种分布式的、面向对象的程序设计语言，可以让位于任何地方的任何计算机调用位于网络上的使用 Java 语言编写的应用程序。

Java 语言有许多优点，如简单、面向对象、分布式、解释性、可靠、安全、结构中立性、可移植性、高性能、多线程、动态性等。Java 摒弃了 C++ 中各种弊大于利的功能和许多很少用到的功能。Java 可以运行于任何微处理器。用 Java 开发的程序可以在网络上进行传输，并运行于任何客户机上。

Eclipse/MyEclipse，JBuilder，JCreator 等作为 J2EE 平台上主流的 IDE 环境，已经在开发和教学过程中得到广泛的应用，其中以 Eclipse/MyEclipse 的应用最为广泛。

Eclipse 是一个开放源代码的、基于 Java 的可扩展开发平台。就其本身而言，它只是一个框架和一组服务，用于通过插件组件构建开发环境。幸运的是，Eclipse 附带了一个标准的插件集，包括 Java 开发工具(Java Development Tools，JDT)。虽然 Eclipse 使用 Java 开发，但 Eclipse 不仅仅局限于 Java 开发，还可用于其他语言的开发，如 C、C++等。

MyEclipse 和 Eclipse 的差别仅在于它为 Eclipse 提供了一个大量私有和开源的 Java 工具的集合，这解决了各种开源工具的不一致和缺点。

在 J2EE 平台上进行开发，也可以使用当前基本上所有主流的关系数据库管理系统，但就目前来看，小型开发中通常以使用 MySQL 为多，而在中型以及大型的开发中，更多的可能使用 Oracle 和 DB2。

2.1.3 其他常见的开发平台和开发语言

在计算机软件专业教学过程中，可能还会使用 Delphi、C、C++、Visual Basic、PHP、Perl 等语言或者技术中的一种或者几种，用于讲解如何构建中小型基于各种操作系统平台包括跨平台的项目或者开源网站。虽然这些语言或者技术目前在国内软件教学领域并没有成为主流，但是在一些专业领域仍然在广泛使用而且表现出色，这其中包括 2009 年 2 月世界商业语言排名第二的 C 语言，排名第三的 C++语言，排名第四的 Visual Basic 语言和排名第五的 PHP 语言。

2.1.4 软件工程过程管理软件

软件工程过程管理软件是指：在项目开发过程中，用于保证项目质量，规范项目开发过程的软件。

(1)考勤软件

使用考勤软件的主要目的是为了让教学老师在软件专业教学中充当项目经理的角色，

对学生进行考勤而设置的。通过考勤考核方式，规范学生学习和参与项目或者学习案例的过程，设置企业开发的场景，让学生体验实际规范的软件开发过程，并且也能辅助保证学生的学习时间。

(2)项目阶段质量监控软件

项目管理适用于专业项目教学的实施、监控软件工程各个阶段的工作质量以及里程碑，进而对本阶段以及下一阶段的工作进行评估和指导。

项目进度安排软件服务于软件工程项目管理的思想，其目的是制定相关软件项目各个阶段的工作安排以及提交内容，并可制定各个阶段的前置阶段以及后续阶段等，在逻辑上保证软件工程过程的连续性和进度安排的科学性，并可对每个阶段的完成情况进行评估。常见的项目进度安排软件有 Microsoft Project 等。

使用软件工程项目管理思想监控项目过程，并使用相应软件规范阶段工作，能够让中职生在完成课程学习的过程中，体会软件过程监控的原理和实施手段。

2.2 硬件环境

硬件环境是指进行项目开发所需各种硬件的集合。

2.2.1 服务器设备

在进行软件专业教学过程中，可以选择性地提供以下一些服务器，用于日常教学过程的使用。

(1)数据库服务器

提供数据库相关服务以及远程数据连接和数据共享。如果针对中职学生讲授数据库相关知识或者进行软件开发，可以考虑提供一台能够通过校园网或者外网连接的数据库服务器，这样就能够保证教师和学生在允许的网络条件下对数据库进行远程访问。

(2)代码/文档服务器

在进行软件类高级开发课程讲授的时候，为了让学生以团队为单位进行协同开发，可以架设代码/文档服务器并在相应的网络中配置使用(如校园网)。

在进行软件项目或者网络项目的教学过程中，学生可以以团队为单位自行分配开发任务或者在教师指导下进行任务分配，学生在课堂上以及课后可以将完成的代码或者解决方案文档通过代码/文档服务器保证代码或者文档的同步。

在使用代码/文档服务器的过程中，可能还需要配合使用 VSS、SVN 等软件进行代码或者文档的版本管理。

(3)Web/应用程序服务器

在进行 B/S 架构软件项目构建相关知识讲解的过程中，Web 服务器和应用程序服务器能够用于模拟实际的 Web 项目部署环境，并且在课下也可以考虑通过校园网或者 Internet 连接 Web 服务器和应用程序服务器。

Web 服务器主要是处理向浏览器发送的 HTML 以供浏览，而应用程序服务器作为应用程序的容器，提供访问商业逻辑的途径以供客户端应用程序使用。虽然在企业分布式项目的部署中往往将二者分别对应到不同的物理计算机上，但是在计算机软件专业中职学生教学过程中，从使用角度可以将以上两种服务器的角色合并到一台物理计算机上。

2.2.2 机房教学环境

机房教学环境包括教学活动所需的机房、网络、软硬件设备等。

(1)机房网络拓扑图(见图 2-2-1)

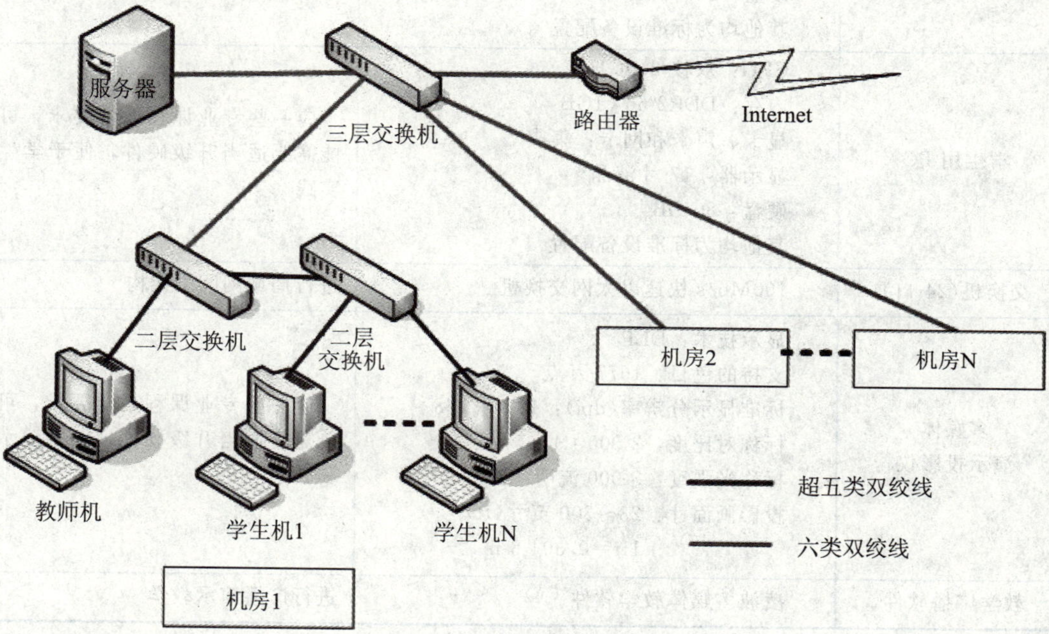

图 2-2-1 机房网络拓扑图

(2)机房总体布局规划

1)每间机房用五类双绞线与二层交换机建立局域网，并通过六类线与中心机房核心三层交换机连接，核心交换机进行 VLAN 划分，每间机房对应一个 VLAN。

2)每个机房至少配备 60 个工位(每个工位配置一台 PC)、1 个讲台、1 台投影仪和 1 块白板。

3)每间机房教师机安装教学广播软件，能够进行广播教学。

4)机房规划时还应考虑有关防火疏散等安全问题。

(3)机房设备配置(见表 2-2-1)

表 2-2-1 机房设备配置

设备	最低配置要求	说明
教师用 PC	CPU：双核 2.5GHz 内存：DDR2 667 2GB 显卡、声卡和网卡：集成 显示器：17 寸液晶 硬盘：160 GB 其他均为标准设备配置	应一些专业课程教学要求，可能需要适当升级硬件，便于演示和教学
学生用 PC	CPU：双核 2.0GHz 内存：DDR2 667 1GB 显卡、声卡和网卡：集成 显示器：17 寸液晶 硬盘：80 GB 其他均为标准设备配置	应一些专业课程教学要求，可能需要适当升级硬件，便于学生实践
交换机(24 口)	100Mb/s 快速以太网交换机	进行局域网网络架构
多媒体演示投影仪	显示技术：DLP 支持的色目：1677 万点 标准显示分辨率(dpi)：1024 * 768 标称对比度：2 000：1 标称光强度：3 000 流明 投影画面寸：23～300 英寸(ft) 1ft=0.304 8 m	应一些专业课程教学要求，可能需要适当升级硬件，便于演示和教学
教学广播软件	凌波多媒体教学软件	进行广播演示教学

2.3 校内外实训实习环境

实训基地是校内外实训教学过程实施的实践训练场所，开展实训工作的基本前提是要有校内外实训基地，校内实训基地的建设主要指实训车间教学环境等“硬件”建设，各学校可以根据自己已有的条件、设备以及资金情况进行相应的配置，除了这些硬性条件之外，校内实训基地的建设本身又包含了实训指导教师和实训平台等“软件”建设，因此，一个好的实训基地的建设本身就是一个长期的过程。

2.3.1 实训车间教学环境

实训车间教学环境包括机房工位、讨论室、机房配置。

(1)工位设计

每个实训车间配备 25～30 个工位(每个工位配置一台 PC)；

每个标准工位的长度为 1.4 m，宽度为 1.4 m，相邻两行工位之间的过道宽度不小于 1 m；

工位设计应便于一组学生进行交流；

规划时还应考虑有关防火疏散等安全问题。

(2)讨论室设计

每个实训车间最好能配备一间讨论室，供实训指导老师和学生小组进行项目讨论；每30个学生最好能够配备1间简易讨论室；

一台多媒体演示投影仪；

一块白板。

(3)实训机房配置

实训机房配置包括实训活动所需的网络、软硬件设备等。

1)网络拓扑图(见图2-3-1)

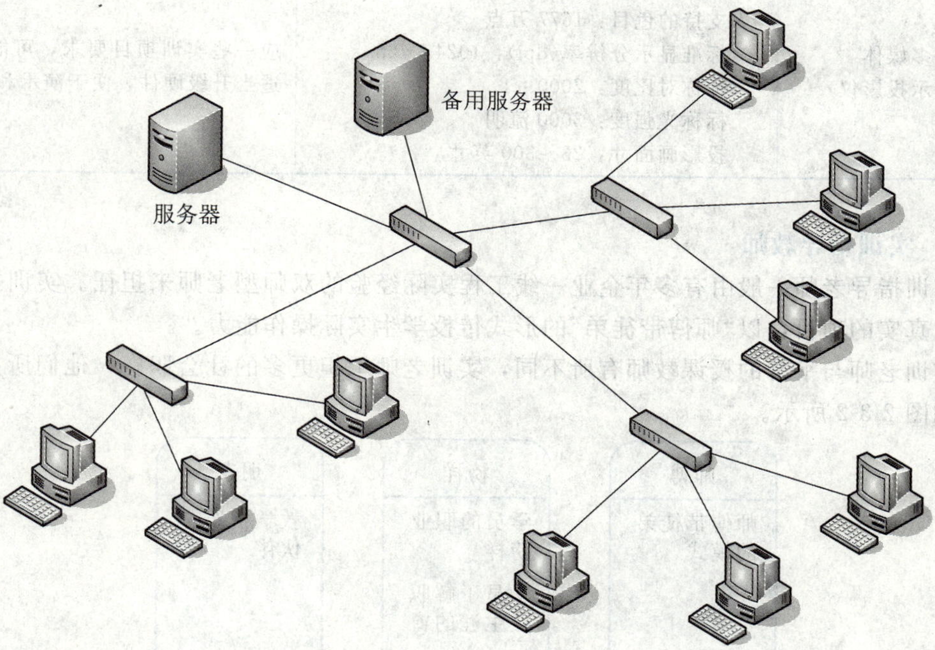

图2-3-1 机房网络拓扑图

2)设备配置(见表2-3-1)

表2-3-1 机房设备配置

设备	最低配置要求	说明
教师用PC	CPU：双核 2.5GHz 内存：DDR2 667 2GB 显卡、声卡和网卡：集成 显示器：17英寸液晶 硬盘：160 GB 其他均为标准设备配置	应一些专业课程教学要求，可能需要适当升级硬件，便于演示和教学

续表

设备	最低配置要求	说明
学生用 PC	CPU：双核 2.0GHz 内存：DDR2 667 1GB 显卡、声卡和网卡：集成 显示器：17 英寸液晶 硬盘：80 GB 其他均为标准设备配置	应一些专业课程教学要求，可能需要适当升级硬件，便于学生实践
交换机 （24 口）	100Mb/s 快速以太网交换机	
多媒体 演示投影仪	显示技术：DLP 支持的色目：1677 万点 标准显示分辨率(dpi)：1024＊768 标称对比度：2000∶1 标称光强度：3000 流明 投影画面寸：23～300 英寸	应一些实训项目要求，可能需要适当升级硬件，便于演示和教学

2.3.2 实训指导教师

实训指导老师一般由有多年企业一线工程实际经验的双师型老师来担任。实训指导老师通过真实的项目，以“师傅带徒弟”的形式传授学生实际操作能力。

实训老师与平常的授课教师有所不同，实训老师承担更多的社会职责，他们所担当的角色如图 2-3-2 所示。

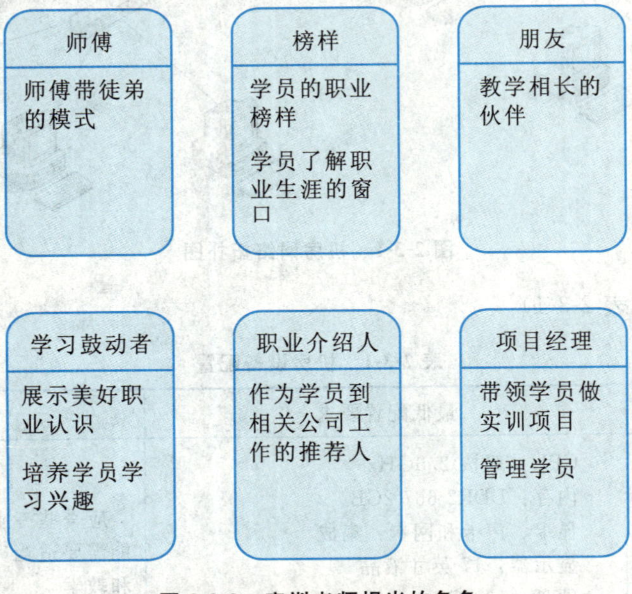

图 2-3-2　实训老师担当的角色

2.3.3 实训平台

要使学生能够很好地完成校内外实训，校内外实训的管理是很重要的一个环节。运用信息化手段进行校内实训管理是当前提高管理效率，保证实训项目正常开展的一个重要手段。

一个好的实训综合平台，应涵盖实训管理运作的各个业务功能，包括：实训学生档案管理、实训老师档案管理、实训项目档案管理、实训项目报名管理、实训项目开发流程管理、实训项目评估管理等功能，见图 2-3-3。

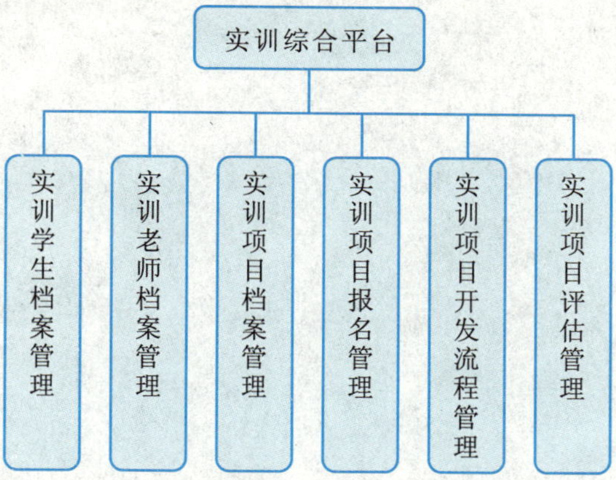

图 2-3-3 实训综合平台

(1)实训学生档案管理

实训学生档案管理是对实训学生基本信息的增、删、改、查等操作。学生基本信息包括：学号、姓名、性别、年级、专业等。

(2)实训老师档案管理

实训老师档案管理是对实训指导老师信息的增、删、改、查等操作。实训指导老师信息包括：姓名、学历、职称、工作简历、科研成果等。

(3)实训项目档案管理

实训项目档案管理是对实训项目信息的增、删、改、查等操作。一般来说，实训项目需经过项目立项、审核后，才能在实训过程中应用。经审核的实训项目信息包括：项目名称、项目来源、项目类别、采用技术、适用专业、项目简介等。

(4)实训项目报名管理

包括：发布项目、分配实训指导老师、学生报名等功能。

(5)实训项目开发流程管理

包括：教师任务分配、学生分组、填写项目进度表、提交阶段成果或最终作品等功能。

(6)实训项目评估管理

包括：填写小组和小组成员成绩、评语、评选优秀小组或成员等功能。

第三部分 专业教学法应用

根据前述关于软件企业岗位架构、岗位技能要求、中职计算机软件专业学生适应性工作岗位及中职学生现状的分析，可以知道，中职计算机软件专业的技能培养有别于传统制造业工人的培养、教学的困难点和着重点体现如下：

(1)与传统制造业工人培养的区别

1)计算机软件生产技术与平台变化快；

2)软件工厂生产模式发展尚在探索，标准规范尚未定型；

3)就业岗位技能要求关联度大，如编码员与测试员；

4)就业岗位与学生的个性能力关联度大，如客户代表与口头沟通表达能力、数据库设计师与逻辑思维推理能力；

5)数字信息化应用不断推陈出新，新的适应性岗位不断出现。

(2)计算机软件专业教学的难点

1)既要注意抽象思维能力的培养，又要兼顾形象思维能力的培养；

2)既要强调平台的熟练操作，又要适应软件开发技术变化快的特殊性；

3)既要强化岗位技能培养，又要通过课程架构理解关联岗位关系；

4)既要立足于当前的软件生产模式，又要为软件工厂生产模式带来的变化提前打下基础；

5)既要立足于当前岗位技能要求，又要使学生具备适应新岗位变化的技能迁移能力。

(3)计算机软件专业教学的重点

中职计算机软件专业学生的培养要通过教学，重点解决以下问题：

1)思维定位：中职计算机软件专业人才培养总体目标是以编码员为主，覆盖其他的适应性岗位，其核心是能阅读文档、应用平台、实施编码，算法分析与算法程序设计能力不是培养的重点，所以在思维定位培养上是服从，服从设计人员的设计，编制出符合设计文档要求的编码。

2)过程认知：要通过各种实践性教学，使学生在操作中，逐步了解原理，熟悉编码工作过程及相关岗位工作关联逻辑关系。

3)规范执行：软件生产在形式上有别于传统的制造业，而在生产规范要求上有过之而无不及。作为生产流水线上的工人，以遵守生产规范为准则，在软件生产中这一点同样重要，但软件生产中的规范，通常不是以尺寸、精度来衡量的，要遵守的是软件工程规范、软件过程规范、编码规范等。这些规范要通过不同方式的操作实践教学与练习使中职软件专业学生形成自觉执行的习惯。

围绕以上难点与重点，在专业教学方法选择上应该充分体现实践直观可操作性，也就是教学方法的应用要让复杂过程变简单有序、直观规范可操作。

本部分所给出的专业教学方法应用，在方法选择上，强调专业特性与行动导向的教学，不纠缠于某种备课格式要求；在内容选择上，以第二部分技能培养课程框架、《网站设计技术》课程及项目开发实践三线构建示例系统，以期起到抛砖引玉的作用。

3.1 演示教学法

3.1.1 示例一："平面图像的数字化表示"教学

日常人们所接触到的各类图片、照片、影像等平面图像，现在都可以在计算机中得以展示，通常称为位图图像，是计算机对平面图像数字化表示的结果。本示例通过媒体组合演示，说明计算机对平面图像的数字化处理方法与表示形式。

(1)技能与知识目标

1)能表述平面图像的数字化过程。

2)了解像素的概念。

3)了解图像分辨率的意义。

4)能计算位图图像的数据量。

5)能意识到各种媒体在计算机中的表现都是需要数字化处理的结果。

(2)前导技能与知识水平要求

1)了解计算机的基本组成。

2)了解二进制数制的概念。

3)知道计算机中二进制数码表示原理。

4)知道数据量计算单位：位、字节等。

5)能表述计算机的基本工作原理。

(3)场景设计分析

前期课程的学习，学生已经初步理解与认识了计算机，了解了计算机的基本硬件构成，了解了计算机中的二进制数码表示，知道了计算机的基本工作原理。本示例教学内容，通过学习平面图像在计算机中的位图表示形式，使学生理解计算机对平面图像的数字化处理与表示原理，并掌握位图图像数据量的基本计算方法，同时让学生形成媒体在计算机中表现都必须通过数字化处理的意识。

本示例内容面向初步系统性认识计算机硬件与软件知识的中职计算机软件专业学生，这些学生多数对抽象计算机知识的接受能力较差，对于他们而言，图像的数字化表示属于较为抽象的概念，动画、视频等的数字化表示过程更是难以直接用语言表述清楚，教学过程中需要避开枯燥的、理论性的讲解，选择一些适合学生当前知识水平与理解水平的生活现实场景，提高学生的学习兴趣，让学生在演示、分解、讲解的过程中，理解原理与方法。

1)情境设计

演示学生近期集体活动中拍摄的部分数码照片，展示与之相关的纸质照片，这些图像与照片的质量设置不一，有意识地引导、比较它们的效果；之后用数码相机，在高像素下，拍摄一张现场数码照片，然后调整数码相机的图像质量设置，以较低像素，在同一角度再拍摄一张现场数码照片，通过对比两张照片的清晰度为学生引入"像素"的概念；之后让学生回顾现实生活场景中展示平面图像的电子设备，如街上的LED广告屏、电梯的楼层指示屏、电子手表等，实际演示准备好的场景图像，引导出结论：电子设备上展示的图像均由点构成，不管是数码相机拍摄的图像还是日常所见的LED屏广告，它们的共同特点是数字化形式的图像，由问题“计算机是如何对平面图像进行数字化处理与表示的”引入本示例的教学内容。

本示例教学内容，通过图像、声音、视频媒体与模拟的动画演示，结合讲解展示图像的数字化表示原理与方法。在设计阶段，必须依据学生的心理特征、认知水平、能力水平设计教学内容，准备教学材料。本示例教学采用位图图像与纸质彩色照片、PPT演示文档、Photoshop软件及Flash动画演示的形式实现教学过程，因此需要提前准备相应的教学材料。例如制作用于提出问题、总结知识点的PPT文档；准备用于演示的位图图像与彩色纸质照片；制作用于动画演示的Flash等。另外在材料准备阶段还应当考虑到学生可能提出的问题，如果问题与教学目标有较大的关联性，并且比较难以用语言描述，也可以根据预先准备的媒体材料对学生的问题进行解答；如果问题不在教学范畴之内，可以准备一些课后阅读的资料供学生参考。

本示例教学涉及的教学环境以及教学材料如下：

①教学软件环境

Windows XP、Flash播放软件、PowerPoint、Photoshop等软件。

②材料准备

·Flash动画：用于演示平面图像的数字化处理与表示的Flash动画，请参见电子附件中的“图像的数字表示.swf”。

·PPT：用于本示例教学导入以及知识点归纳的PPT，请参见电子附件中的“图像的数字表示.ppt”。

·位图图像：用于演示图像数字化在现实生活中应用以及说明图像在计算机中的数字化表示的位图图像。

·学生参考材料：基于本次课程知识点的扩展阅读材料，参见电子附件中的“图像的数字化表示课外知识扩展.doc”。

③课堂练习

用于巩固和加深学生对课堂知识理解的练习题(可参考本示例教学效果评价中的练习题)。

④课后作业

请参考效果评价。

2)策略设计

在本示例教学中，从现实生活场景中感受平面图像的数字化表示出发，通过演示→观察→提出问题→演示→操作讲解→解决问题→操作巩固→归纳总结，在此基础上提出新问题以引入下一阶段教学的形式来讲解本示例中涉及的知识点。

教学过程分为3个阶段，通过演示与提问的形式引入，各阶段都以前一阶段知识点为基础并进一步深入，其中第三阶段的教学为知识点拓展部分，可以根据实际教学情况与教学效果决定是否选讲，或作为课后思考题和补充材料。

导入阶段：该阶段目标是建立教学情景，并通过演示数码照片为学生介绍像素的概念、通过为学生演示日常生活场景中数字化的图像应用加深学生对像素概念的认识，而后进一步引入示例的主要教学内容。

演示日常生活场景中数字化的图像，如图 3-1-1、图 3-1-2 所示。

图 3-1-1　LED 显示屏上的图像

演示过程中引导学生思考生活中还有哪些数字化图像场景，再对比远距离和近距离观察的 LED 显示屏上的图像，如图 3-1-2 所示，为学生揭示电子屏幕上的图像实际上是由一个个发光点构成的。

图 3-1-2　近距离观察 LED 显示屏上的图像

之后提出问题："计算机是如何对平面图像进行数字化处理与表示的"从而引入第二阶段教学。

本示例教学内容是主要知识与技能目标教学阶段：通过演示"天平 .bmp"图像以及 Flash 动画为学生讲解图像在计算机中的数字化表示。再配合动态演示，从简单的 1 个二进制位表示黑白像素点扩展到用多位二进制位来表示像素点的色彩，之后为学生讲解图像的数据量的简单计算方法并进行课堂练习，最后使学生意识到各种媒体在计算机中的表示都必须经过数字化处理。

图 3-1-3 黑白像素点表示的“天平”数字化图像

知识技能拓展教学阶段：在本阶段可以依据实际教学情况，选择是否拓展计算机的分辨率设置等知识技能。

本示例教学预计用时 45 min，核心知识目标预计用时 35 min，拓展知识点预计用时 10 min。

(4)过程实施

步骤	知识点与操作	学生活动	参考时间
1. 演示	展示学生近期集体活动中拍摄的部分数码照片，展示与之相关的纸质照片，这些图像与照片的质量设置不一，有意识地引导、比较它们的效果；之后现场拍摄两张数码照片并导入演示 通过对比不同质量图像的清晰度为学生引入“像素”的概念	讨论，与老师现场拍摄互动，欣赏数码照片，听讲	5 min
2. 观察	演示生活中的数字化图像场景，引导学生观察讨论 组织学生讨论并回答，在生活中见过哪些由一个个点构成的电子图像，为学生展示生活中熟悉的 LED 屏广告、电梯楼层指示屏、电子手表等图片，让学生对图像的数字化有一个感性的认识	思考、讨论生活中的数字化图像应用、欣赏图像	5 min
3. 提出问题	演示 PPT 中的黑白天平位图图像 提出图片在计算机中如何数字化表示的问题，在 PPT 中演示简单的黑白位图：“天平 . bmp”并讲解	思考老师提出的问题，仔细观察并听讲	3 min

续表

步骤	知识点与操作	学生活动	参考时间
4. 演示与观察	使用 Photoshop 放大位图图像：“天平 . bmp”，清淅演示图像放大后图像的构成，图像由一个个黑白的矩形点阵构成，可以与生活中灯箱广告或电子广告屏近距离观察的结果进行类比	观察演示的位图图像，听讲，并用部分时间让学生自己进行图像放大的操作，以得到更直观的感受	4 min
5. 演示与讲解	为学生播放“图像的数字表示 . swf”，在演示过程中为学生重点讲解计算机中如何对黑白的像素点进行保存与显示。在解释点阵抽象成 1/0 形式的矩阵时应该为学生指明 2 种颜色状态可以用 1 个二进制位表示，可以用 1 表示黑色，用 0 表示白色，也可以用 1 表示白色，0 表示黑色，这只是一种对应	观看 Flash 演示，听讲	4 min
6. 演示提出问题	在 PPT 中演示由四种色彩构成的“彩色天平 . bmp”位图图像，提出问题：如果图像带有四种色彩，那计算机要怎么表示	观察 PPT 中的位图图像，思考老师提出的问题	3 min
7. 演示讲解原理	使用 Photoshop 放大位图图像：“彩色天平 . bmp”，让学生了解图像放大后依然是由矩形点阵构成的，每个点是一种颜色，四种颜色可以用两个二进制位表示	观察放大后的位图图像，听老师讲解	3 min
8. 演示讲解原理	位图图像的数据量如何计算？而后使用 PPT 从最简单的 1 个二进位表示一个像素的情况开始为学生讲解图像的数据量大小。进而引导学生推导用多个二进位表示一个像素点的情况。之后再通过 Photoshop 建立一个 100×100 像素的图像以 8 位 BMP 格式保存，查看文件大小，为学生验证计算的结果(位图图像的数据量计算方法可以参考附件中课程知识相关文档，但建议不讲授 BMP 文件结构，只对图像数据部分做简单介绍)	听讲，练习	5 min
9. 演示，操作	提出问题：图像在计算机中需要经过数字化处理，那动画、电影等媒体呢 播放 Flash 动画文件：“丹顶鹤 . swf”，使用播放器的播放、暂停功能，让学生了解 Flash 实际上也是由一幅幅图片构成的，也需要经过数字化过程	思考，听讲	3 min
10. 演示讲解	拓展知识 1：更多色彩的图像，如有 256 种色彩的图像是如何表示的 (本部分内容根据学生学习效果决定是否进行拓展。内容可参考 PPT 文档与 Flash 动画中的“图像的数字化 . swf”)	思考，讨论，听讲	5 min

续表

步骤	知识点与操作	学生活动	参考时间
11. 演示讲解	拓展知识点：操作系统的桌面设置可以调整屏幕的分辨率，什么是分辨率，如何设置分辨率 （本部分内容根据学生学习效果决定是否进行拓展）	听讲，实践	5 min
			共：45 min

(5)教学效果评价

本示例教学体现了演示教学法在计算机软件专业教学中的应用，通过 Photoshop、Flash、PPT 等演示，结合讲解，使得学生理解图像在计算机中的数字化表示形式，在教学结束时可以通过提出问题或布置作业等形式，评价课程的教学效果，例如提出如下问题：

由 8 种色彩构成的平面图像是如何表示的？如果是 100×100 像素的图像并且每个像素用 8 个二进制位表示，则图像的数据量大致是多少？为什么计算的结果比实际文件存储数据量小？

评价点：

1)能说出平面图像的数字化过程，则评价及格。

2)如果能说出每个像素使用 3 个二进制位才能表示 8 种色彩的位图图像，则评价中等。

3)如果能掌握计算位图图像数据的方法，则评价良好。

4)如果能通过阅读下发的课外知识拓展材料，回答计算结果比图像存储文件小的原因，则评价优秀。

3.1.2 方法阐释

演示教学法是教师通过事先准备的材料或操作过程的演示，配合适当的讲述或多媒体手段展示，促进学生掌握某一技能或深化对某一知识或问题认识的教学方法。特点是让学生从观察中学习。

演示教学法，是以教师的讲解为主，并借助具体生动的媒体作为知识的载体辅助教学，以达到抽象知识的具体化、枯燥知识的生动化等目的。通常这种教学法要求教师不仅运用语言，还应使用数字化的静态图像、动态图像、矢量图形、波形声音、实际操作演示等手段传递教学信息，使学生的视、听觉最大强度地接受原理与技能训练。

演示教学法的主要特点是其直观性和生动性。许多有关计算机软件基本知识与操作技能，如果仅凭教师的口述讲解，学生难以理解其准确概念。因此，在计算机软件专业教学中，教师应合理地选择媒体来辅助演示教学。这种教学法通常会使学生在头脑中形成比较鲜明的知识表象，而且在知识的演示讲解过程中，还可以培养学生观察演示与操作过程的技能，使学生能够注意到它们相互之间的关系，抓住两者在本质与内在的联系。最后，通过演示与讲解的有机配合，丰富学生的感性认识，并在此基础上得出正确的结论，以达到教学的最佳效果。

应用演示教学法，要营造演示氛围，注意吸引并保持学生的注意力，要使学生能看清楚或听清楚演示的对象，在头脑中形成比较鲜明的表象，培养学生善于观察演示的对象与操作过程，注意它们相互之间的关系，抓住本质与内在联系；在演示时要尽可能让学生用多种感官感知事物与过程，增强演示讲解的效果，通过演示与讲解的有机配合，不使学生停留在事物与过程的表面，而是尽快使学生的认识上升到理性阶段，形成概念，理解操作原理；演示媒体要适时、适当、适量。

3.1.3 示例二："MyBlog 系统简介"教学

本示例教学通过演示百度空间注册操作视频和新浪博客 PPT，介绍博客系统的概念和相关功能，讨论和分析 MyBlog 系统的网站层次结构。

(1)技能与知识目标

1)能了解博客的概念。博客(Blog)，又称为网络日志、部落格或部落阁等，是一种通常由个人管理、不定期张贴新的文章的网站。许多博客专注在特定的主题上提供评论或新闻，但也有许多是个人日记。一个典型的博客结合了文字、图像、视频、其他博客或网站的链接及其他与主题相关的媒体。

2)能对博客进行简单的分类，包括以下几种常见的博客类型：基本的博客、微博、家庭博客、协作式博客、公共社区的博客、商业企业广告型博客、知识库博客等。

3)能在互联网知名博客提供商(如新浪、网易、腾讯)中注册自己的博客，熟练进行个人日记编写、个人相册创建、上传个人照片等操作。

4)能在浏览网站的基本功能后确定该网站的主题。

5)能分析 MyBlog 系统各个模块的基本功能，包括注册、上传个人照片、选择空间主题、登录网站、退出网站、日记、相册等。

6)能设计出 MyBlog 系统的网站层次结构图。

(2)前导技能与知识水平要求

1)能用浏览器访问网页，知道如何使用网站或资源的 URL 地址，掌握链接的意义与操作。

2)能在网站中注册账户，在登录中正确使用用户名和密码。

3)能对网页中的各种栏目进行简单分类，理解体育、新闻、校园、文学等栏目分类的意义。

4)能搜集互联网中的各种网页素材，包括图片的下载、文字的复制等。

5)能对各种网页素材进行分类，常见的素材主要分为图片、音乐、Flash、影视、文本、各种脚本等类别。

(3)场景分析设计

1)教学分析

本示例教学通过对百度和新浪博客系统的介绍，分析 MyBlog 系统的功能模块，设计出 MyBlog 系统的网站层次结构图。学生在本示例学习后，能了解博客的基本概念；懂得在知名网站中注册个人博客，进行日记撰写、相册创建、照片上传等基本操作；能够分析 MyBlog 系统各个功能模块并最终构建出 MyBlog 系统的网站层次结构图。

为了实现上述教学目标，学生必须对博客系统有深刻的感性认识与印象，可以以百度空间为例讲解博客系统的常见功能，同时简要分析百度空间的层次结构图，为了提高单位时间内的教学效率，可以通过录制在百度空间中的活动视频：百度空间注册、百度博客使用、添加日记等，以达到这一要求。在讲解百度空间体验后，再通过 PPT 方式演示其他知名博客系统的功能，如新浪博客等，让学生了解博客的各种类别，并引导学生根据提供的模板完成 MyBlog 系统的网站层次结构图和各个功能模块的简要分析。

根据上述教学过程的分析，为了较好地完成本示例技能与知识目标，可以采用演示教学法。教学过程中，借助具体生动的媒体，视频和 PPT，作为博客概念和博客网站层次结构的载体来辅助教学以达到抽象知识的具体化，枯燥知识的生动化。通过视频演示，可以更好地讲解博客的基本概念和博客所包含的基本功能模块；通过 PPT 演示，可以向学生讲解博客系统的基本层次结构和各种分类。

2)情景设计

为了实现本示例教学技能与知识目标，需要为整个教学过程设计如下情景：

①教学软件环境

Office2003 或 Office2007。

②材料准备

•视频：用于演示百度空间使用过程的视频，请参见本示例电子附件中的文件“演示如何注册百度空间，使用百度博客.exe”。

•PPT：用于演示新浪博客基本功能的 PPT，请参见本示例电子附件中的文件“博客赏析.ppt”。

•模板：用于提供给学生进行 MyBlog 系统功能模块分析和网站层次结构设计的模板，请参见本示例电子附件中的文件“网站功能模块分析模板.docx”和“网站层次结构图模板.docx”。

•测试案例：该案例用于了解学生对互联网基本知识的掌握程度，可自行设计一个简单案例作为课程的前导部分(亦可参考本示例电子附件提供的测试案例)。

③课后作业

参考效果评价。

3)策略设计

采用演示教学实施本示例教学，具体教学策略可以采用如下流程：演示讲解→总结→实践。

①演示

本环节实施过程中，通过向学生演示视频“演示如何注册百度空间，使用百度博客.exe”，学生可以初步了解博客，懂得如何注册个人博客；同时，对博客系统中所包含的内容有一个生动、直观的感性认识与印象。

②讲解

本环节实施过程中，借助上一环节中视频和 PPT 的演示，向学生讲解百度空间的注册过程以及百度空间中所包含的功能，同时引出网站主题的定位方法。在讲解博客分类的过程中，可以借助 PPT 演示新浪博客(由此可见，本环节的实施过程中还需要借助第一环节即演示)。通过本环节的讲解，学生可初步了解博客系统的基本概念、博客系统的栏目结构。

③总结

本环节结合前两环节对视频和 PPT 的演示讲解对本节知识点和技能进行系统的总结。需要总结的内容主要有：博客的概念、博客的分类、博客的基本功能分析、博客类型网站的层次结构、网站主题的定位。

④实践

本环节要求学生进行具体的实践：根据提供的模板“网站层次结构图模板.docx”和“网站功能模块分析模板.docx”，动手完成 MyBlog 网站层次结构图的设计和 MyBlog 网站功能模块分析。

完成示例教学内容，预计用时 90 min。

(4)过程实施

步骤	知识点与操作	学生活动	参考时间
1. 演示并解释视频	向学生演示“演示如何注册百度空间，使用百度博客.exe”视频并配之以解释	欣赏视频与听讲	10 min
2. PPT 演示并解释	向学生演示并解释“博客赏析.pptx”	欣赏 PPT 与听讲	10 min
3. 过程具体讲解	1)讲解百度空间的注册过程 2)讲解百度空间日记撰写过程 3)讲解百度空间相册创建和照片上传过程 4)讲解新浪博客的基本功能，详细介绍文章、相册、播客等	听讲	15 min
4. 总结	1)总结博客的概念 2)总结博客的分类 3)总结博客包含的功能模块	听讲	20 min
5. 实践	1)打开“网站层次结构图模板.docx”，要求学生完成 MyBlog 系统的网站层次结构图 2)打开“网站功能模块分析模板.docx”，要求学生完成 MyBlog 系统的网站功能分析	实践	35 min
			共：90 min

(5)教学效果评价

1)课堂跟踪

教师可在演示讲解过程中通过提问的方式，跟踪学生听讲的效果。问题设计如下：

①当教师演示完“演示如何注册百度空间，使用百度博客.exe”后，可向学生提问百度空间所包含的内容有哪些？

②当教师演示完“博客赏析.pptx”后，可向学生提问百度博客和新浪博客在内容上有哪些相同点和不同点？

2)课后作业

①访问开心网 http://www.kaixin001.com，根据本示例教学提供的模板，完成开心网的网站层次结构图设计。

②访问开心网 http://www.kaixin001.com，根据本示例教学提供的模板，完成开心网的网站功能分析。

评价点：

能完成①和②则说明学生掌握了网站层次结构设计和功能模块分析方法，评价为优，只完成其中任何一点则说明没有完全掌握具体方法，评价为良。

3.2 黑箱教学法

3.2.1 示例一：“创建 C# Windows 窗体应用程序，实现【Menu】表记录的浏览、添加、删除、修改”教学

本示例教学要实现一个用于测试数据适配器 DataAdapter 对数据库中表记录操作(包括数据的读取、修改、删除、插入)的应用程序，应用程序包括：一个窗体 Form1 及窗体的两个按钮：btLoad、btUpdate 和一个 DataGridView 控件：dgvData。单击 btLoad 按钮，控件 dgvData 将显示扶贫项目基金管理系统【PAMSDB】数据库中【Menu】表的全部记录；在控件 dgvData 中可以进行对应表记录的修改、删除与添加，并通过单击 btUpdate 按钮将执行结果提交回数据库。

(1)技能与知识目标

1)能在 VS2008 平台中添加.Net Framework 组件，如果 VS2008 平台工具栏中没有显示 sqlDataAdapter 控件，学生能从选择项中找到该组件并添加到工具箱相应的栏目中。

2)能在窗体中添加 sqlDataAdapter 控件，并掌握数据适配器配置向导的设置，知道属性的不同配置与数据显示效果的关联关系。

3)会使用 sqlDataAdapter 控件的 Fill 方法。通过 Fill 方法的使用，将适配器中配置好的数据填充到 dataset 指定的表中。

4)能进行 DataGridView 控件的 DataSource 属性设置，将数据集指定表的数据绑定到 DataGridView 控件中并显示。

5)能通过 sqlDataAdapter 控件的 Update 方法，将 DataGridView 变更后的数据提交回

指定数据库，实现数据的添加、删除、修改操作。

(2)前导技能与知识水平要求

1)能使用 VS2008 平台创建 C# Windows 窗体应用程序。

2)会使用常见的窗体控件如 Button 等进行简单的窗体设计，并懂得控件的常见属性如 Name、Text、Anchor、Dock 等的设置。

3)了解窗体控件常见事件功能与意义，如 Button 按钮的 Click 事件等。

4)知道数据集 dataset 是离线式(非连接)的对象，一般与数据适配器结合使用。

5)知道数据适配器是 ADO. NET 托管提供程序(用于在数据源和数据集之间通信的一组对象)的组成部分(除适配器以外，托管提供程序还包括连接对象、数据读取器对象和命令对象)，适配器用于数据源和数据集之间的数据交换。

(3)场景分析设计

1)教学分析

本示例教学内容是通过 VS2008 平台创建一个 C# Windows 窗体应用程序，使得应用程序能将指定的【PAMSDB】数据库【Menu】表中的数据加载到窗体 Form1 中，并对【Menu】表记录进行删除、修改、添加等操作。学生通过本示例教学，能使用 DataGridView 显示数据、使用数据适配器填充数据集并更新数据库中的数据。

本示例教学重在掌握操作技能，实现相关操作需求，而其间牵涉的复杂内容：界面与数据库如何进行连接、数据源中的数据如何传输到界面、DataGridView 如何显示数据及数据适配器的使用原理等，对于中职学生过于庞大，理解与认知上都有极大的难度，必须予以隐含。

因此本示例教学采用黑箱教学法，在授课过程中先将数据适配器等理论性较强的知识隐含起来，只是通过有限的界面操作辅以简单的代码编写，实现相关操作需求。

2)情景设计

为了实现本示例教学技能与知识目标，情景准备如下：

①教学软件环境

VS2008 开发平台、MSSQL2005 数据库。

②数据库

扶贫项目基金管理系统数据库 PAMSDB 文件。

③课后作业

参考效果评价。

3)策略设计

为实现示例教学，可以采用如下授课流程：问题引入→策略选择→技能操作讲解→实践提高→归纳小结→延伸拓展。

①问题引入

编码任务：在一个 C# Windows 窗体应用程序中，实现对扶贫项目基金管理系统数据库【PAMSDB】中【Menu】表记录的显示、删除、修改、添加操作。

②策略选择

任务涉及两个不同环境：MSSQL2005、VS2008，使用数据适配器是一个有效的解决方案。

③技能操作讲解

按任务的操作步骤，逐步操作与讲解操作意义，不涉及太多的原理知识，实现功能。

④实践提高

让学生练习操作过程，完成任务的设计。

⑤归纳小结

进一步归纳操作步骤与流程。

⑥延伸拓展

将任务设计的源代码打开，让学生知道操作过程产生了大批量的代码，可以根据学生的情况引导学生尝试使用代码实现相同的功能。

完成本授课内容，预计需要时间 90 min。

(4)过程实施

步骤	知识点与操作	学生活动	参考时间
1. 创建 C# Windows 应用程序，并进行界面设计	1)打开 VS2008 平台，新建一个 C# Windows 窗体应用程序 DataAdapterTest 2)双击 DataAdapterTest 项目的 Form1 窗体，往窗体拖动两个【Button】按钮及一个 DataGridView 控件 3)设置控件的相关属性	实践	教师操作演示讲解 5 min；学生实践 10 min
2. 工具箱中添加 sqlDataAdapter 组件	1)打开工具箱的数据栏目，若 sqlDataAdapter 控件已经存在则跳过本步骤，否则从右键菜单中单击【选择项】 2)在弹出的选择工具项窗口中选中 .Net Framework 组件标签 3)在筛选器中输入 sqlDataAdapter，从数据显示窗口中勾选 sqlDataAdapter 组件，然后单击[确定]按钮，sqlDataAdapter 组件顺利添加到工具箱数据栏目中	实践	教师操作演示讲解 2 min；学生实践 3 min
3. 配置数据适配器	1)从工具箱中拖动 sqlDataAdapter 控件到窗体 2)在弹出的数据适配器配置向导中新建连接并选 3)在选择命令类型中勾选使用 sql 语句 4)生成 sql 语句中单击【查询生成器】 5)选中【Menu】表，点击【添加】按钮 6)在【Menu】表上选中需要显示在界面上的字段，单击【确定】按钮 7)单击【完成】按钮，添加数据适配器 sqlDataAdapter1 到界面上，同时也创建了一个连接对象 sqlConnection1 8)分别修改 sqlDataAdapter1，sqlConnection1 命名为 sqlDA，sqlConn	实践	教师操作演示讲解 10 min；学生实践 15 min

续表

步骤	知识点与操作	学生活动	参考时间
4. 为界面添加 DataSet 组件	1)从工具箱中数据栏目中找到 DataSet 组件，添加到 Form1 窗体 2)在添加数据集窗口中选择非类型化数据集，确定添加完成 3)选中 Form1 中的 dataSet1 控件，修改其 Name 属性为 ds	实践	教师操作演示讲解 2 min；学生实践 3 min
5. 为[btLoad，btUpdate]按钮添加 Click 事件	1)为按钮 btLoad 的 Click 事件，编码代码：在 btLoad _ Click 上添加如下代码 this. sqlDA. Fill(ds,"Menu")； this. dgvData. DataSource=ds. Tables["Menu"]； 2)为按钮 btUpdate 的 Click 事件编写代码：在 btUpdate _ Click 添加如下代码 this. sqlDA. Update(ds,"Menu")； MessageBox. Show("记录更新成功")；	实践	教师操作演示讲解 5 min；学生实践 15 min
6. 运行程序，进行数据读取、删除、修改、添加的测试	1)运行程序，单击 btLoad 加载数据 2)选中 dgvData 中的记录，按键盘 Delete 键删除记录，单击 btUpdate 更新数据库 3)选中 dgvData 中的记录，直接在 dgvData 控件中修改数据，单击 btUpdate 更新数据库 4)在 dgvData 控件最后一行，写入需要添加的记录信息，单击 btUpdate 更新数据库 5)打开 MSSQL2005 查看记录是否更新成功	实践	教师操作演示讲解 5 min；学生实践 15 min
			共：90 min

(5)教学效果评价

1)课堂跟踪

老师在教学中引导学生自己动手操作，若学生能在规定的时间内自主完成，并且任务能正常运行，则教学效果良好。

2)课后作业

提供【北风贸易】数据库，要求学生自主完成【北风贸易】数据库中【飞狐工作室】表记录的操作：显示、删除、修改、添加。

评价点：

1)窗体最大化后界面无明显变形。

2)数据适配器数据显示正常。

3) DataGridView 控件数据填充正常。

4)能将更新信息写回数据库。

若学生能完成四项则为优秀，说明学生已经很好地掌握了本示例的主要技能；若学生只能完成前三项则效果良好，说明学生对数据适配器的配置已经有较好的掌握；若学生只能完成前两项，则为及格，说明学生对基本的模仿配置还行，只是代码不懂；其余情况则不及格。

参考材料

参见本示例电子附件："黑箱教学法案例设计操作视频.exe"、"数据适配器的配置向导.docx"、"黑箱教学法案例设计源代码.rar"。

3.2.2 方法阐释

黑箱教学法，是指在授课过程中，忽略教学内容之间错综复杂的结构关系，或者淡化烦琐的原理与理论推导，将复杂而深奥的内容先隐藏于黑箱之中，而把重点放在表层的技能操作与实践应用上。

具体来说，"黑箱"(Black Box)是只知其输入和输出，不知其内部结构的系统，或者说"黑箱"是内部结构一时无法直接观测，只能从外部去认识的系统。从外部观测那些具有某种功能而内部结构不清楚的系统，通过输入变化所引起的输出响应，分析系统的状态过程，推断系统的行为，这就是"黑箱"方法。

黑箱教学法的基本特点是重外淡内。利用"黑箱"方法，可以把内部、深层次的理论或复杂部分视为"黑箱"，先知其然，而不深究其所以然。形象地说，黑箱教学法就是将理论、复杂的结构装入黑箱，加以掩盖，而把技能与实践应用放在黑箱表面加以重视和强化。

在初步进入软件开发平台操作教学、系统架构、操作系统应用、数据库设计等部分的教学中，名词术语很多，各知识点之间联系密切，常常是牵一发而动全身。这往往使得初学者在入门阶段，感到陌生的名词多、难以集中、头绪繁杂，而产生畏难情绪，失去学习的信心。利用"黑箱"方法，可以产生较好的教学效果。

例如，在讲解有关文件管理目录组织方式时，先将相对路径和绝对路径的理论知识视为"黑箱"，让学生先学习文件的复制和移动等，以及建立文件夹(或目录)等操作，从实践中领会目录式文件管理带来的便捷，然后再逐渐深入，学习关于文件夹(或目录)的相关理论知识，如当前目录、相对路径和绝对路径的转换等。用这种思路，可以解决许多诸如文件管理等问题的教学。

"黑箱"方法在教学中，另一种运用是，让学生在实践中发现问题，然后用理论加以解释。也就是，学生先实践上机，让他们在"玩"的过程中，碰到一些问题和困难，这时，再结合这些具体问题，老师适时教一些概念等方面的知识。

可见，采用"黑箱"教学方法，可以逐步消除学生对系统性的神秘感。黑箱的概念是相对的，认识对象是否具有黑箱属性，并不完全取决于客观对象本身，与认识的主体也有关系。像电视机、录音机等其他家用电器一样，对于中职学生在教授系统性知识与应用技能时，也可以在不了解它的结构和工作原理的情况下使用它。结合系统的层次性，"黑箱"方法提供了由表及里、逐层深入地学习和指导学生学习的途径。

3.2.3 示例二："搭建 MyBlog 网站框架"的教学

本示例教学要完成 MyBlog 系统的基础网站搭建任务。在 Dreamweaver CS4 开发平台中创建 MyBlog 静态网站，为网站创建框架目录。

(1)技能与知识目标

1)能根据网站层次结构图规划出网站的基本框架。

2)能在 Dreamweaver CS4 开发平台中创建静态网站，既可以使用基本的向导完成站点的创建，也可以使用高级特性创建。

3)能在 Dreamweaver CS4 开发平台中为网站添加具有层次结构的目录，能对站点中已经存在的目录进行重命名和删除操作。

4)能使用 Dreamweaver CS4 开发平台搭建网站框架，将网站目录结构分为图片、样式、脚本、功能、媒体、代码、主题等。

5)能在 Dreamweaver CS4 开发平台中创建静态页面，使用 Dreamweaver CS4 提供的浏览工具访问创建的静态页面。

6)能在 Dreamweaver CS4 开发平台中创建样式文件、脚本文件。

(2)前导技能与知识水平要求

1)了解 Dreamweaver 软件的用途，知道 Dreamweaver 是集网页制作和网站管理于一身的所见即所得网页编辑器。

2)能安装和运行 Dreamweaver CS4 软件。

3)能分析 MyBlog 系统各个模块的基本功能，包括注册、个人照片上传、空间主题选择、网站登录与退出、日记、相册等。

4)能对网站中的各种栏目进行简单分类。

5)能对图片、音乐、Flash、影视、文本、各种脚本等网页素材进行分类。

6)能设计出 MyBlog 系统的网站层次结构图。

(3)场景分析设计

1)教学分析

本示例教学内容是在 Dreamweaver CS4 开发平台创建 MyBlog 网站，并为 MyBlog 网站创建目录和相关文件(静态网页、样式文件、脚本文件、媒体文件等)，搭建出 MyBlog 网站系统框架。通过学习，学生能利用 Dreamweaver CS4 开发平台创建网站，并在网站中添加网站框架所包含的目录和文件；同时知道各个目录存放的网页素材类型。

学生能够独立在 Dreamweaver CS4 平台中创建网站并搭建基本框架。学生搭建网站框架时，无须了解网站框架的含义，只需借助网站层次结构图构建出网站框架，在网站框架下添加文件夹、网页和网页素材。

网站框架的概念太过抽象，与网站、网页、服务器等其他概念之间联系密切，牵一发而动全身。为了较好地完成本节技能和目标知识教学，可以采用“黑箱”教学法。教学过程中，按 Dreamweaver CS4 操作步骤直接搭建出 MyBlog 系统的基本框架，而无须详细介绍网站框架等相关原理。采用“黑箱”教学法，将网站框架的理论装入“黑箱”，而把具体的技能操作应用放在“黑箱”表面加以重视和强化。

2)情景设计

为了实现本示例教学目标，情景设计准备如下：

①教学软件环境

Dreamweaver CS4 开发平台。

②网页素材

提供给学生分类的网页素材，参见本示例电子附件中的文件夹：网页素材。

③课后作业

参考效果评价。

3)策略设计

教学策略可以采用如下程序：操作演示讲解→实践→总结。

①操作演示讲解

本环节实施过程中，老师操作演示讲解在 Dreamweaver CS4 开发平台中创建 MyBlog 网站，指定网站的名称为 MyBlog 和存放位置；在创建后的网站下添加文件夹用于存放不同的网页素材，将情景设计中提供的网页素材进行分类后添加到具体的文件夹中。

②实践

本环节由学生操作实践。

③总结

本环节结合实践环节，根据学生完成程度，适当介绍网站框架的基本概念，让学生知道网站开发前期很重要的一个步骤就是搭建网站的基本框架，为网站后续开发开一个好头。

完成本示例教学内容，预计用时 30 min。

(4)过程实施

步骤	知识点与操作	学生活动	参考时间
1. 创建网站	1)进入 Dreamweaver CS4 平台 2)在 Dreamweaver CS4 平台中新建网站，将网站命名为 MyBlog，保存在 D：\ MyBlog \ 下 3)在 MyBlog 网站下，添加文件夹分别为 Images(存放图片)、Js(存放脚本)、Media(存放多媒体文件)、Styles(存放样式文件)、Modules(存放网站的功能模块) 4)打开“网页素材”文件夹，对其中的网页素材进行分类，并将素材存放至步骤 3)创建好的文件夹中 5)网站根目录下，创建默认文档页 Default. html，并打开 6)在 Dreamweaver CS4 中使用快捷键 F12	实践	教师操作演示讲解 10 min 学生实践 15 min
2. 总结	简要介绍网站框架的基本概念	听讲	教师总结 5 min
			共：30 min

(5)教学效果评价

1)课堂跟踪

教师可以在网站框架搭建实践过程中，观察学生的完成情况，如果学生能够在规定时间内基本完成网站的搭建，则教学效果良好。

2)课后作业

访问开心网 http：//www.kaixin001.com，完成开心网的网站层次结构图设计，根据提供的网站层次结构图在 Dreamweaver CS4 开发平台中设计开心网的基本框架。

评价点：

能够创建出开心网的基本网站框架，评价可以细分如下几项：一、网站命名。二、存放目录。三、栏目下素材。如果学生能够完成一、二两项则教学效果良好；如果能够全部完成，则教学效果优秀。

参考资料

用于搭建 MyBlog 网站框架的参考资料，参见本示例电子附件中的文件：网站功能模块分析 . docx、网站层次结构图 . docx、测试案例。

3.3　四阶段教学法

3.3.1　示例一　"用 Microsoft Visio 设计程序流程图"教学

以设计 1＋2＋……＋100 循环结构的程序流程图为例，让学生掌握 Microsoft Visio 程序流程图操作应用流程。

(1)技能与知识目标

1)理解程序流程图在代码编写过程中的应用和意义。

2)明白"矩形"、"菱形"等流程图中常用图形元素表达的含义。

3)学会使用 Microsoft Visio 绘制流程图。

4)学会阅读分析现成流程图所表达的逻辑。

5)初步引导学生养成利用流程图来描述分析思路、辅助程序编码的习惯。

(2)前导技能与知识水平要求

1)熟悉 Office 等常用办公软件菜单、工具栏的操作与应用。

2)至少学过一门程序设计语言。

(3)场景分析设计

1)教学分析

初学编码的学生，通常不会先有整体的设计思路与解决方案后，再动手编写代码，这样，在编写代码过程中，往往是思考一步，写一下代码，断断续续，反反复复，逻辑极其不清晰，可读性差。通过流程图设计教学，可以引导学生养成先有解决方案及流程，再编码的工作方式。

本教学示例以画出 1＋2＋……＋100 的循环实现流程图为目标，通过四阶段教学法进行教学。首先由老师讲解，学生听讲的模式进行简要的实现思路分析；紧接着以老师操作，学生观看的方式利用 Microsoft Visio 描述上述的实现逻辑，为学生提供一个可仿效的操作流程；然后由学生练习仿效老师的画图步骤与操作，掌握使用 Microsoft Visio 画出实现流程图的技能；最后由老师对学生的操作结果进行评价，及时纠正学生的错误并进行相应的归纳总结。

结合中职生的特点，本示例首先是让学生知道为什么要用到 Microsoft Visio 工具，以提起学生的学习兴趣，明确学习内容的应用方向。其次是重点，即让学生能应用 Microsoft Visio 绘制简单的逻辑流程。

2)情景设计

①教学情景

以建筑为例，先画好图纸，再行施工。类比代码编写，就是要先有整体的编码思路设计，以图形化的形式记录解决的逻辑流程，再将图形化的记录转化成相应的代码。结合生活中的例子，很多事情或想法，随着时间的推移会慢慢地遗忘，因此需要记事本之类的记载媒介。在程序编码过程中，Microsoft Visio 的流程图提供了描述解决问题逻辑思路的方式，而且简单易用，效果直观，能有效辅助编码设计，提高代码编写效率。同时，也能方便代码编写者以外的人员日后理解原编写者的实现思路。

本示例教学以教授学生使用 Microsoft Visio 绘制流程图、辅助编码设计为目标。通过四阶段教学法，使学生明白流程图中常用元素的意义，能够阅读逻辑简单的流程图，初步养成应用流程图辅助编码设计的习惯。

②教学环境

- 多媒体互动的教学环境(广播软件)。
- Microsoft Visio 2003 或更高版本。
- 课件和课后作业。

3)策略设计

本示例教学按四阶段教学法标准过程进行：

第一阶段：让学生明确示例要学什么，为什么要学，学到的知识可以在哪里应用，然后简要分析程序的实现思路。

第二阶段：由教师现场一步一步地演示利用 Microsoft Visio 工具画出表述程序实现思路的流程图，并仔细讲解各个元素表达的含义和操作步骤。

第三阶段：学生动手实践仿效教师的操作。

第四阶段：老师点评分析学生的仿效结果，归纳出操作的主要步骤和注意事项，然后布置练习。

完成本示例教学内容，预计用时 90 min。

(4)过程实施

步骤	知识点与操作	学生活动	参考时间
1. 导入课堂内容	以建筑领域盖房为例，通过类比的方式导出画流程图的应用场景和意义，主要内容围绕图 3-3-1 展开，然后由此进入教学主题 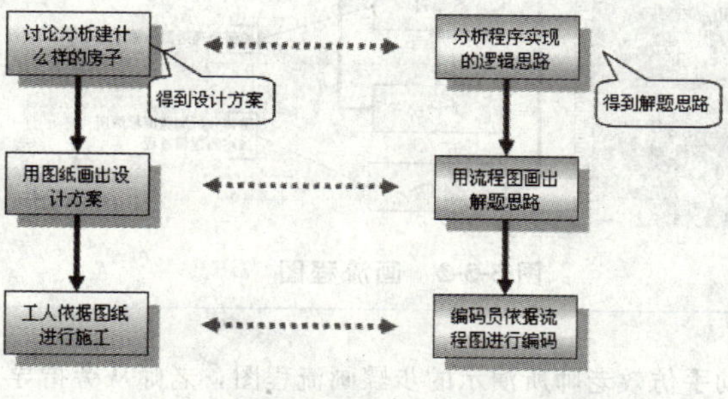 图 3-3-1 建筑图纸与流程图类比	听讲、提问	5 min

续表

步骤	知识点与操作	学生活动	参考时间
2. 分析解题思路	以语言表达或文字板书的形式简单分析描述 1＋2＋……＋100 的实现思路，强调这是流程图应用的第一步，提醒养成先思考，后动手的习惯。 第 1 步：定义一个变量 S，初值为 0，用于保存各个数相加的和； 第 2 步：定义一个变量 i 为计数器，初值为 1； 第 3 步：当 i＜＝100 时，S＝S＋i； 第 4 步：i＝i＋1； 第 5 步：重复步骤 3，4，直到 i＜＝100 条件不成立。 分析完成以后，说明文字描述的弊端：冗长，不直观，理解容易出现偏差，导出以图形方式描述的好处。为下一个步骤做好铺垫	听讲、提问	5 min
3. 操作示范、讲解	打开 Microsoft Visio，开始画流程图，目的是用来描述上个步骤分析得到的解题思路，这是四阶段教学法的重点环节，每一个操作务必说明操作过程和步骤顺序，同步讲解它的用法、注意事项。表达语速、操作速度都需要控制得当，力求让学生能够明白每一步要做什么，怎么做 第一环节：打开 Microsoft Visio 第二环节：选择流程图 如图 3-3-2 所示，打开 Micrsoft Visio 2003 中的流程图 第三环节：逐步讲解操作过程 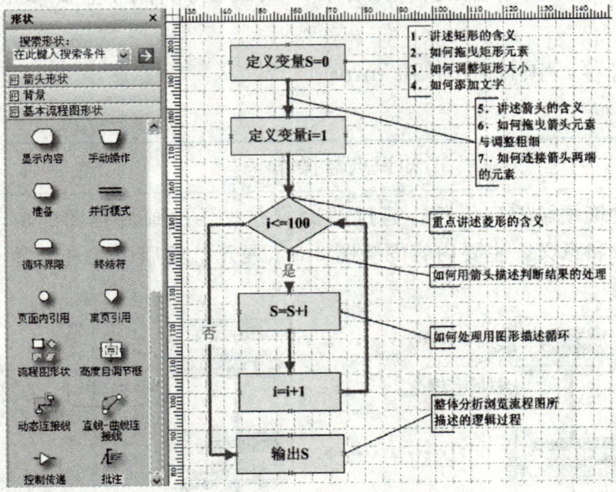 **图 3-3-2　画流程图**	同步仿效	30 min
4. 学生练习	学生动手仿效老师所演示的步骤画流程图，老师从旁指导	实践操作	20 min

续表

步骤	知识点与操作	学生活动	参考时间
5. 点评	分析点评学生的仿效过程，根据学生中出现的问题强调注意事项	听讲	5 min
6. 练习	让学生练习仿效画出 1×2×……×10 的流程图	实践操作	20 min
7. 点评	本节课总结，强调重点，分析难点。	听讲	5 min
			共：90 min

(5)教学效果评价

1)检查学生模仿老师画的流程图。

2)抽点学生提问流程图中某个图形元素所表达的意义。

3)给出一个流程图，让学生分析它所表达的逻辑思路。

评价点：

1)学生模仿老师所画流程图是否完整。如元素完全且布局合理，则评价优秀，如果元素没有缺少，则为合格。如果主要元素有缺漏，说明画图技能没有完全掌握。

2)学生对流程图中的图形元素所代表含义是否理解。如果能准确说出图形元素的描述意义则为优良，如果能说出主要图形元素的意义(如矩形、菱形)即为合格。

3)学生能否阅读分析现有流程图的逻辑思路。如果能正确分析，则评价优秀，如果能说出主要逻辑，则评价合格。

3.3.2 方法阐释

在操作技能学习与训练的教学中，通常强调过程与步骤，可采用四阶段教学法，这一教学法是经典的程序化技能培训法。这种有序的技能训练教学方法由以下四个步骤组成。

我说你听(情景设置)：教师通过设置问题情景、说明训练内容的意义，激发学生参与学习工作过程的积极性。这一阶段注重的是情景氛围的创设，激发学生的兴趣，确认学生的基础水平，把握教学的深度，引导学生进入学习状态，让学生感到教师接着的示范，就是他必须学习与掌握的内容。

我做你看(示范操作)：教师演示工作过程，讲解工作要求及操作程序，告诉学生“怎样做”，学生通过观察、提问等方式理解教师的示范过程。教师在实践操作过程中，已经为学生提供了解决问题的方法和技能。在这一过程，教师要进行熟练示范并用简洁语言解释，可能时，让学生独立描述工作过程并说出注意事项。

你练我看(学生仿效)：组织学生按教师示范的步骤重复教师的操作，在必要的时候解释做什么和为什么这样做。教师观察学生模仿的过程并得到反馈信息，对重要的工作要点和注意事项进行提问，特别是学生所表现出来的难点。学生通过对整个工作过程的模仿建立起最初的行动协调框架，为下一步独立完成工作打下基础。

你做我评(练习总结)：学生在已经建立的行动协调框架的基础上，独立完成教师布置的练习任务。在这个过程中，教师监督练习过程、检查练习结果、纠正错误并归纳总结。在这一过程，要注意掌握学生的练习进度，必要时向学生提供帮助，适时认可学生的练习结果。

四阶段教学法的主要特点是实时性、过程性、可模仿性、真实性等，对吸引学生注意力和引发学生积极性有一定的帮助。在一定条件下，它具有其他教学方法、教学手段所不可替代的教育功能。

3.3.3 示例二："MyBlog 注册页面表单验证"的教学

本示例完成 MyBlog 系统中注册页面的用户输入数据有效性验证应用教学，使学生掌握使用 ASP. NET3. 5 提供的验证控件完成验证的方法，这些控件包括 RequiredFieldValidator、RangeValidator、RegularExpressionValidator、CompareValidator、CustomValidator。

(1)技能与知识目标

1)能使用控件 RequiredFieldValidator 对表单字段进行非空验证，如 MyBlog 系统注册页面中的字段：Email 地址、密码、姓名、居住城市。

2)能使用控件 RangeValidator 对表单字段进行值范围有效性验证。

3)能使用控件 RegularExpressionValidator 对表单字段进行正则表达式验证，如身份证号码、Email 地址的合法性验证。

4)能使用控件 CompareValidator 对表单字段进行值比较验证，如密码和确认密码的输入一致性验证。

5)能使用控件 CustomValidator 对表单字段进行自定义验证，以解决其他控件不能满足网站验证需求的问题。

6)能根据提供的验证码脚本完成注册表单验证码验证功能，以防止用户的恶意注册。

(2)前导技能与知识水平要求

1)能使用 Dreamweaver CS4 开发工具搭建 MyBlog 网站框架。

2)能在 VS2008 开发平台下打开 MyBlog 网站。

3)能将 Web 窗体在代码模式和设计模式之间进行切换，懂得如何将设计界面上的控件与代码界面上的源代码进行一一对应。

4)能在 ASP. NET3. 5 网站中使用控件创建 Web 窗体的表单内容，如注册表单内容、登录表单内容等。

5)能熟练修改控件的属性，如控件的 ID、CssClass、Text 等属性。

6)能在 VS2008 开发平台下浏览 Web 窗体，并向窗体的表单中输入可供测试的数据。

7)能在 VS2008 开发平台下编写 C#程序代码，通过 C#中的 if else 流程控制语句实现简单的逻辑判断，如字符串长度的比较、数字大小的比较等。

(3)场景分析设计

1)教学分析

本示例教学要在 VS2008 开发平台中使用验证控件(包括非空验证控件、比较验证控件、正则表达式验证控件、自定义验证控件等)实现注册页面的表单验证。通过本示例教学，学生懂得使用各种验证控件对不同的表单字段进行有效的验证；为了防止用户的恶意攻击，懂得使用验证码判断提交数据安全性。

为了让学生了解验证机制在 Web 中的应用，可以先演示互联网中某博客系统的注册过程，设计与表单验证的相关问题，然后引出本节的教学内容。由于各个验证控件的使用方法类似，因此对于比较简单的验证控件，比如非空验证控件的使用，可以在课堂中演示完成 Email 非空的验证过程，其余几个字段的非空验证过程由学生模仿操作完成。而对于比较复杂的验证，比如 Email 格式的验证、密码和确认密码一致性的验证、验证码的验证，可以逐个实践，方便学生逐个仿效。学生每完成一个验证控件实践，可根据现场完成情况，适当讲解学生在实践过程中遇到的问题并进行归纳总结。

根据上述教学分析，本示例教学采用四阶段教学法。在教学过程中可以通过各种有序的实践活动(通过对表单各个字段有序的验证过程，完成各个验证控件的使用)，为学生提供从认知到仿效的途径，有效提高学生实际动手能力，促使学生快速掌握各种验证控件的使用。

2)情景设计

为了实现本示例教学目标，情景设计准备如下：

①教学软件环境

VS2008 开发平台。

②材料准备

· MyBlog 项目最新版本：该版本已完成静态页面向动态页面的转化，请参考本示例电子附件中的“案例项目”。

· 参考资料：用于介绍 ASP. NET 中各个验证控件使用方法的材料，请参考本示例电子附件中的文件“Web 表单验证控件 . doc”。

· 验证码脚本：用于实现验证码功能的脚本代码，该脚本在实践过程中可以直接使用，请参考本示例电子附件中的文件“CodeImage. ashx”。

③测试案例：该案例用于了解学生是否掌握静态页面转化为动态页面的技术，可自行设计一简单案例作为课程的前导部分(亦可参考本示例电子附件提供的《测试案例》)。

④课后作业

参考效果评价。

3)策略设计

教学策略可以采用如下程序：场景导入→操作演示→操作仿效→操作应用→归纳总结。

①场景导入

本环节向学生演示百度空间的用户注册流程，讲解验证机制在用户注册过程中的现实意义，让学生了解本示例技能在软件项目开发中的应用场景。

② 操作演示

本环节实施过程中，在 VS2008 中打开 MyBlog 项目最新版本，使用验证控件逐个完成注册表单中各个字段的验证过程。对于非空字段的验证只需完成其中的一个，如完成 Email 的非空验证，则其他几个字段的验证由学生仿效 Email 的验证过程完成；对于其他几个验证控件，逐个演示具体实现过程，再由学生仿效完成。特别要指出的是，对于验证码的验证，还需要演示将生成验证码的脚本添加到网站中，并在表单上使用具体的操作过程。

③ 操作仿效

本环节要求学生根据环节②中的演示，仿效完成注册页面中每个字段的验证。由于整节教学关联的操作比较多，在本环节教学实施过程，可以通过录制视频的方式将环节②中的具体操作过程发送给学生，学生就可以通过反复观看操作视频的方式仿效完成表单的验证功能。

④ 操作应用

本环节要求学生能够仿效注册表单的验证，完成 MyBlog 系统其他几个窗体的表单验证，如登录页面、个人头像上传页面等。还要强调在其他 ASP. NET 网站的开发中也能够应用验证控件实现基本的表单验证功能。

⑤ 归纳总结

本环节根据学生实际完成情况，分析学生实践过程中的常见问题，最后，对本示例技能进行归纳总结。

完成本示例教学，预计用时 90 min。

(4)过程实施

步骤	知识点与操作	学生活动	参考时间
1. 场景导入	访问百度空间，完成注册用户流程，讲解注册中填写个人资料时系统的验证机制	观看、听讲	5 min
2. 操作演示	1)在 VS2008 开发平台下打开 MyBlog 项目 2)打开注册页面 Register. aspx 页面，并将编辑模式切换至【设计】 3) 在【工具箱】展开【验证】选项卡，拖曳非空验证控件【RequiredFieldValidator】至注册页面 4) 设置【RequiredFieldValidator】控件的属性，分别为：ControlToValidate 为“tbxEmail”；Display 为“Dynamic”；ErrorMessage 为“请输入 Email” 5) 在浏览中访问注册页面，不填写 Email 字段直接提交书，测试验证是否生效	观看、听讲	5 min
3. 操作仿效	学生仿效 Email 字段的非空验证操作，完成【密码】、【您的姓名】、【居住城市】三个字段对应文本框的非空验证	操作	5 min
4. 重复前两个步骤	采用步骤二和步骤三的方式循环完成表单其余表单字段的有效性验证，包括 Email 的格式验证、密码和确认密码一致性验证、验证码验证	观看和操作	教师操作时间 15 min；学生操作时间 30 min
5. 操作应用	仿效注册表单的验证过程操作，学生独立完成 MyBlog 系统其余页面的数据验证，这些页面包括：登录页、主题选择页、个人头像上传页等	操作	25 min
6. 归纳总结	总结、分析实践过程中常见问题，强调重点，分析难点	听讲	5 min
			共：90 min

(5)教学效果评价

1)课堂跟踪

教师可以在学生进行仿效操作过程中，观察学生的完成情况，如果学生能够在规定时间内基本完成注册页面的表单验证，则教学效果良好。

2)课后作业

完成给出的网站中注册页面的表单验证，网站请参考本示例电子附件中文件夹“课后作业”下的“MyHomeWork”。

评价点：

能够完成注册页页面的表单验证，评价可以细分如下几项：

1)非空字段的验证；

2)密码一致性的验证；

3)用户名长度范围的验证。

如果学生能够完成1)、2)两项则教学效果良好；如果能够全部完成，则教学效果优秀。

3.4 案例教学法

3.4.1 示例一："E－R图解读"教学

本示例通过展示《网购》项目购物车业务E－R图，讲解概念模型设计中E－R图的实体、属性、联系等概念。示例E－R图如图3-4-1所示。

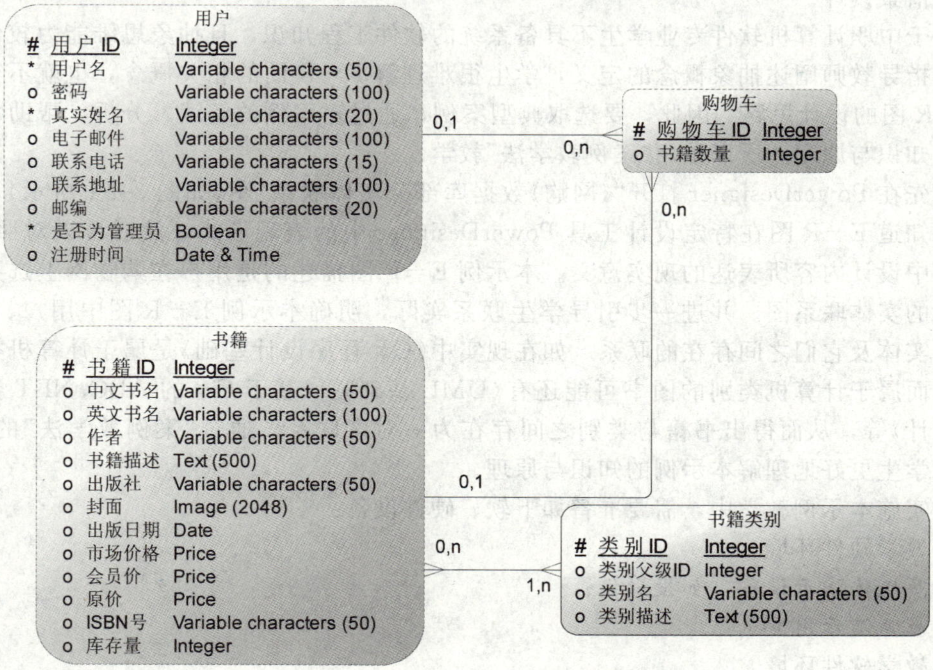

图3-4-1 《网购》数据库部分实体联系分析(完整内容请参见本书电子附件)

(1)技能与知识目标

1)深入理解E－R图中的实体、属性、联系等概念；

2)能够从已有的E－R图中识别实体、属性以及实体间的联系。

(2)前导技能与知识水平要求

1)能阅读需求分析文档，知道数据库设计的工作内容和设计方向；

2)了解如下数据库以及E－R图的基本概念：

· 关系数据库(RDBMS)；

· 表(Table)；

· 键(Key)；

· 域(Domain)；

· 实体(Entity)；

· 联系(Relationship)。

3)初步了解面向对象设计思想。

4)知道可以用PowerDesigner专业设计工具进行数据库概念模型设计。

(3)场景分析设计

1)教学分析

在学生分组实现《网购》项目时，教师需要提供完整项目分析、设计文档。其中，数据库概念模型E－R设计作为构建项目的基础，其重要性是不言而喻的。个别小组或成员可能对E－R图理解有偏差或错误。在这种情况下，为保证项目的正常完成，教师需要指导这些学生，使其能深入理解实体、属性、联系等基本概念，正确阅读项目E－R图。

2)情景设计

由于中职计算机软件专业学生不具备系统的软件工程知识，且抽象思维能力较低，仅仅通过指导教师阐述抽象概念的定义，学生很难理解E－R图的相关概念，也就不容易理解E－R图的设计思路。因此，要选取典型案例，通过对案例的解读、分析，帮助学生切实理解知识与原理，所以采用“案例教学法”教学。

首先在PowerDesigner打开“《网购》数据库部分实体联系”图(如图3-4-1所示)，学生很直观知道E－R图在特定设计工具PowerDesigner中的表现形式。然后可以对照图例，讲解图中设计内容所表达的现实意义。本示例E－R图描述的是用户在购物网上选购图书所产生的实体联系图。并进一步引导学生联系实际，明确本示例E－R图中用户、书籍、购物车实体及它们之间存在的联系。如在现实中《C＃程序设计基础》是属于计算机类别的图书，而属于计算机类别的图书可能还有《UML基础》、《基于C＃的ADO.NET数据库程序设计》等，从而得出书籍与类别之间存在为一对多联系。通过“案例教学法”的讲解，可以让学生更好地理解本示例的知识与原理。

在实施本示例教学中，需要准备如下软、硬件设备：

①教学硬件环境

· 多媒体演示设备，如投影仪；

· 教师演示用PC。

②教学软件环境

· Microsoft Word 2000/XP/2003/2007；

·Sybase PowerDesigner 12/12.5/15；
·局域网多媒体广播软件。
③文档
·《网购需求说明书》；
·《网购》概念模型设计(PowerDesigher CDM 文件)。
3)策略设计
采用案例教学法实施教学，具体教学策略设计如下：问题说明→案例导入→图解原理→总结。
①问题说明
《网购》项目实训，参训学生对 E—R 图理解产生偏差或误解。通过本示例案例教学，帮助学生深入理解 E—R 图中实体、属性、联系的概念，在项目实训过程中，能正确读懂 E—R 图，识别实体、属性及实体间的联系，保证参训学生完成《网购》项目的代码编写。
②案例导入
本环节首先需引导学生阅读《网购需求说明书》，选读关于购物车的相关业务需求(需求文档说明请参照本书电子附件)。
需求说明：要记录选购书籍的结果，需要保存类似："张三选购《c＃程序设计》3 本"这样的信息。
接着导入图 3-4-1 所示的 E—R 图案例。
③图解原理
·记录中的客户"张三"从属的是 E—R 图中的"用户"实体，《c＃程序设计》从属的是 E—R 图中的"书籍"实体，而选购记录从属的是 E—R 图中的"购物车"实体。可以知道，"用户"实体可以具体为"张三"或者"李四"，也就是"用户"是购物者的集合统称。同理，"购物车"实体可以具体为"张三选购《c＃程序设计》3 本"或者"李四选购《基于 C＃的 ADO.NET 程序设计》3 本"，也就是"购物车"实体是选购记录集合的统称。
·对购物者来说，"张三"或者"李四"是其姓名，当然购物者还有一些在系统中有用的特征需要表述，如电子邮件、联系电话等，需要存储的购物者特征成为了描述购物者的属性，那么在 E—R 图中可以定义"姓名"、"电子邮件"、"联系电话"作为"用户"实体的三个属性，用来表示购物者的信息要素。根据需求说明书的描述，E—R 图(如图 3-4-1 所示)中显示了"用户"、"书籍"、"购物车"、"书籍类别"实体所应具有的属性。
·对购物者"张三"来说，他可能选购了《c＃程序设计》3 本，还选购了《基于 C＃的 ADO.NET 程序设计》2 本，也就是说"张三"一人可能选购一定数量的不同书籍，即"张三"有多条的选购记录，当然"张三"也可以不选购书籍。另外，对于已知的一条选购记录，我们知道是由特定的一个人选购书籍产生。那么与此对应，如 E—R 图所示，我们用一条线连接"用户"与"购物车"实体，"用户"实体一端标注"1，1"，"购物车"实体一端标注"0，n"，用来表示"用户"与"购物车"实体之间存在一对多的联系。同理，"书籍"与"购物车"实体之间也存在一对多的联系。根据需求说明书的描述，E—R 图(如图 3-4-1 所示)显示了"书籍类别"与"书籍"实体之间存在多对多的联系，如《c＃程序设计》教材，根据学科分类，它属于计算机类书籍，根据书籍语种分类，它又属于中文类书籍，而每一种分类的书籍可包含许多书籍。

④总结

通过前面环节的讲解，学生对E—R图中所涉及知识点有了正确的认识。为了让学生能对知识有更深的理解，做如下总结：

• 实体是对某种事物集合的统称，如"用户"是对所有购物者的一种统称，"用户"可以是"张三"，也可以是"李四"；实体也可以是对表达特定业务结果所需的一组信息要素的统称，如"购物车"是对"购物者选购书籍"这一业务所需记录信息(包括用户、书籍、选购数量)的统称。

• 属性是描述实体的信息要素，如描述一个"用户"实体所需的属性有：姓名、联系电话、电子邮件等。

• 联系是指实体之间存在的某种关联关系，实体间存在一对一、一对多、多对多的联系。如"书籍"与"书籍类别"实体之间存在"属于"、"包含"联系，"书籍"属于"书籍类别"，反过来"书籍类别"包含"书籍"。

• E—R图的实现是由实体、属性、实体间联系构成的。

完成本示例教学内容，预计用时30 min。

(4)过程实施

步骤	知识点与操作	学生活动	参考时间
1. 问题说明	指导教师描述参训学生对E—R图理解产生偏差或误解，示例	听讲	5 min
2. 阅读《网购需求说明书》并导入案例	指导学生阅读购物车需求描述，让学生知道购物车相关具体业务，导入图3-4-1	在教师的引导下阅读需求说明	5 min
3. 图解E—R图相关概念原理	1)在PowerDesigner中打开已经设计好的《网购》项目概念模型文件并广播给学生看 2)结合前面模拟场景与需求说明，看图讲解实体的概念 3)结合前面模拟场景与需求说明，看图讲解属性的概念，及属性与实体的区别 4)结合前面模拟场景与需求说明，看图讲解实体间的联系	学生听讲与提问	30 min
4. 总结	总结：实体、属性、联系概念及E—R图构成	学生听讲，并结合前面所讲解的示例加深对概念的理解	5 min
			共：45 min

(5)教学效果评价

1)练习作业

如图3-4-2所示，找出其中跟订单业务相关的实体、属性及实体间的联系。

2)评价点

①能找出订单业务相关的所有实体(包括用户、订单主表、订单明细表、书籍)、及实

体属性。

②能准确说明跟订单业务相关实体间的联系。包括：

• 用户与订单实体之间为一对多联系。

• 订单与订单明细实体之间为一对多联系。

• 书籍与订单明细实体之间为一对多联系。

③能准确表述两个实体间联系时实体描述的先后顺序，如书籍与订单明细实体之间联系为一对多联系，表明一本书可以在多条订单明细记录中存在，即一本书可以被不同的用户选购多次，一条订单明细记录只能对应一本书，即一条订单明细记录只能记录一本书的选购信息。

如果学生能够完成全部则评价为优秀；如果能够完成两项则为良好，如果完成一项则为及格。

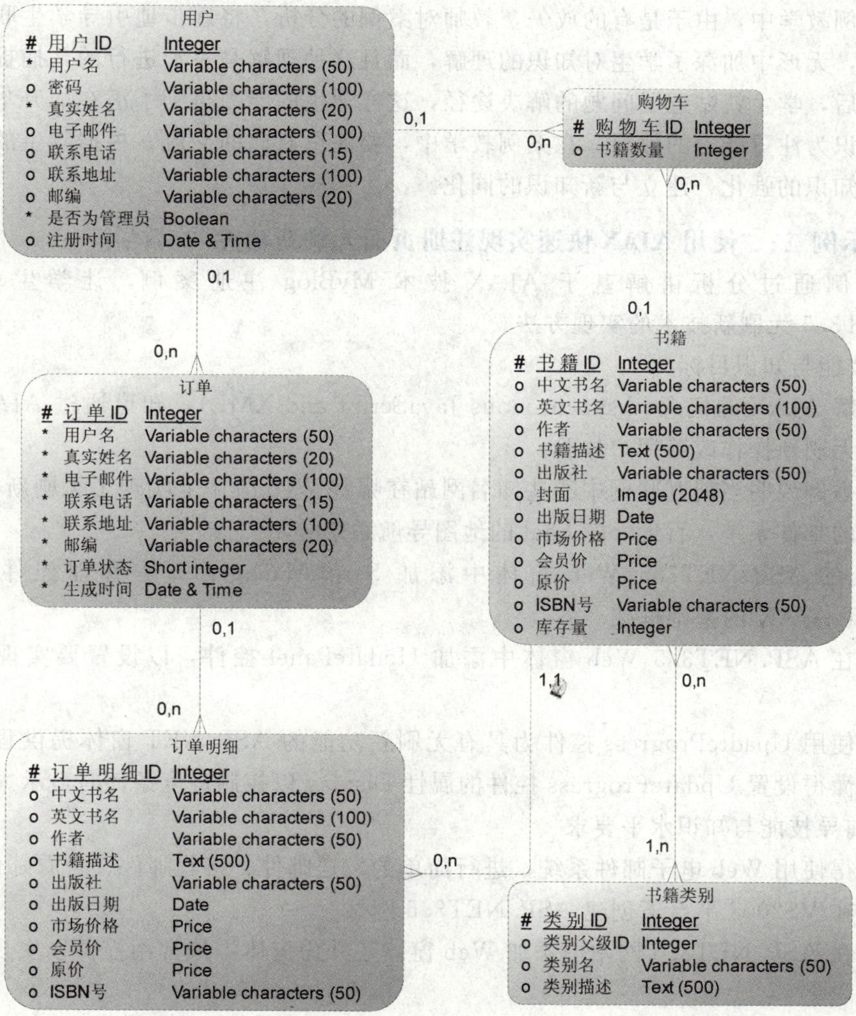

图 3-4-2 练习作业 E-R 图

3.4.2 方法阐释

案例教学法是以教师讲授为主，通过教师对典型案例的层层分解与剖析，加深学生对典型案例的直观认识与比较借鉴，深化对知识的理解和掌握的一种教学方法。

案例教学法的主要特点是其典型性和可借鉴性，它注重引导培养学生的分析和判断思维能力。在一些理论性较强的专业知识教学过程实施中，通过选取典型案例，以案例分析讲解串接课程知识点，引导学生比较借鉴，对中职层次学生而言，是一个有效的教学方法。

案例教学法要围绕一定的教学目标，把现实工作中的真实情景加以典型化处理，形成供分析、解剖、思考、引伸的案例。因此，案例是为教学目标服务的，且应该与所对应的知识、技能有直接的联系。

教师要使学生能够通过对这些案例过程的分析认知，发现问题并应用知识与技能解决问题。

在案例教学中，由于是有的放矢，教师对案例的分析，将逐步地引导学生联系已有知识与技能，无形中加深了学生对知识的理解，而且这种理解是主动进行的，捕捉到这些知识与技能后，学生就贴近了问题的解决途径，这样学生的能力得到了潜在的升华，达到了变注重知识为注重能力的效果。在案例教学中，要注重双向的交流，根据学生的不同理解补充对旧知识的强化，建立与新知识的同化。

3.4.3 示例二："使用 AJAX 快速实现注册页面无刷新功能"的教学

本实例通过分析讲解基于 AJAX 技术 MyBlog 注册案例，让学生掌握基于 ASP. NET3. 5 无刷新技术的实现方法。

(1)技能与知识目标

1)了解 AJAX 的概念(Asynchronous JavaScript and XML)，知道通过 AJAX 可以实现页面的无刷新操作改善用户体验。

2)能举例说明当前互联网中哪些知名网站在哪些 Web 应用上实现了无刷新技术(如网易、腾讯的邮件系统，百度、Googel 的地图导航系统等)。

3)能在 ASP. NET3. 5 Web 窗体中添加 ScriptManager 脚本管理控件，以创建 ASP. NET AJAX 的基础框架。

4)能在 ASP. NET3. 5 Web 窗体中添加 UpdatePanel 控件，以设置要实现无刷新的内容。

5)能使用 UpadteProgress 控件为具有无刷新功能的 ASP. NET 窗体提供程序运行的进度条，懂得设置 UpdateProgress 控件的属性 Display 以控制进度条何时显示。

(2)前导技能与知识水平要求

1)懂得使用 Web 电子邮件系统，进行简单的发送邮件、接收邮件、查看邮件等操作。

2)能在 VS2008 平台下创建 ASP. NET3. 5 网站。

3)能在 ASP. NET3. 5 网站中添加 Web 窗体，并为窗体添加常用控件以实现各种表单功能。

4)能在 VS2008 开发平台下浏览 Web 窗体以进行简单功能测试。

5)能简单地修改 ASP. NET3. 5 Web 窗体的 HTML 代码以配合修改 Web 窗体中各个控件的属性。

6)能对 ASP. NET3. 5Web 窗体的表单进行非空验证、正则表达式验证、值范围验证、自定义验证。

7)能生成按钮的单击事件，在事件方法中编写简单的 C#程序代码。

(3)场景分析设计

1)教学分析

部分学生参加招聘会面试，面试单位官网发布的 Web 开发职位要求应聘者需要掌握 AJAX 技术(如下图工作概述中的第 5 点)，并在面试中遇到了页面无刷新技术问题的提问。

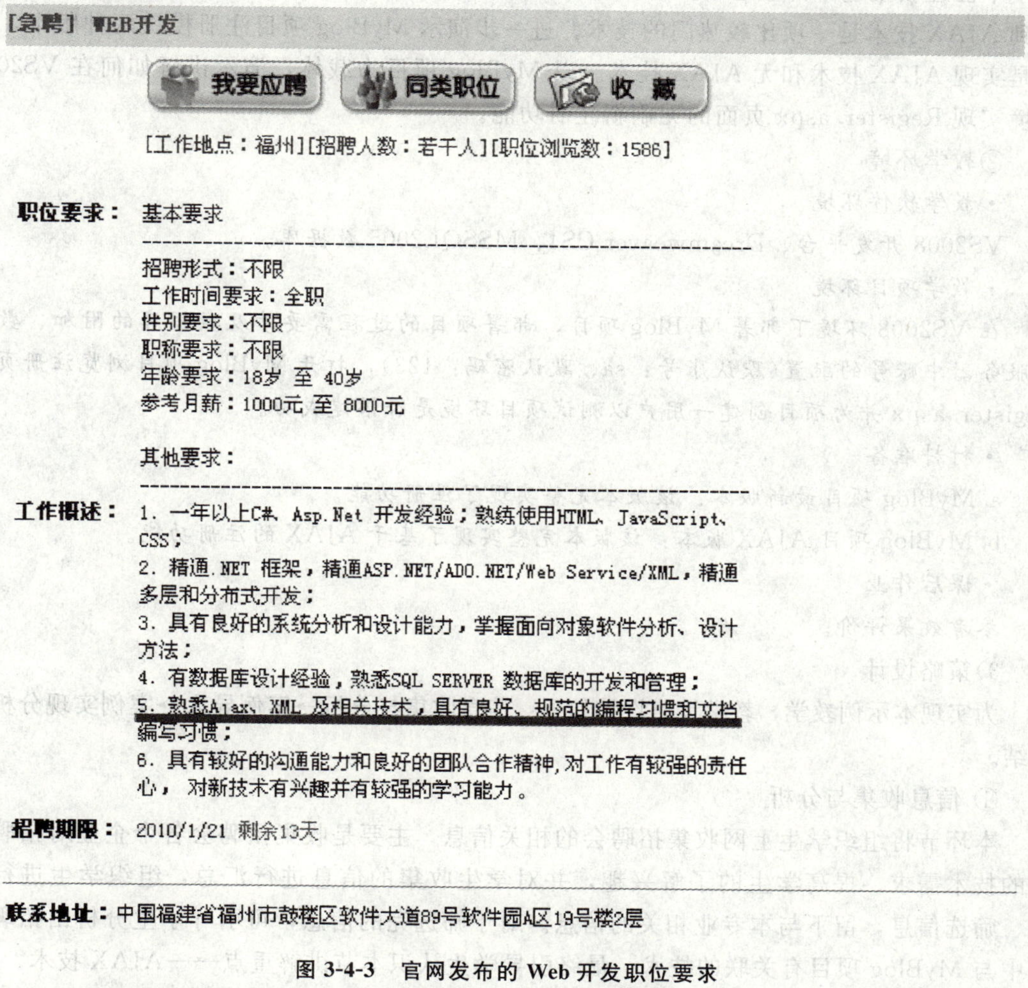
[急聘] WEB开发

我要应聘 同类职位 收 藏

[工作地点：福州][招聘人数：若干人][职位浏览数：1586]

职位要求： 基本要求

招聘形式：不限
工作时间要求：全职
性别要求：不限
职称要求：不限
年龄要求：18岁 至 40岁
参考月薪：1000元 至 8000元

其他要求：

工作概述：
1. 一年以上C#、Asp.Net 开发经验；熟练使用HTML、JavaScript、CSS；
2. 精通.NET 框架，精通ASP.NET/ADO.NET/Web Service/XML，精通多层和分布式开发；
3. 具有良好的系统分析和设计能力，掌握面向对象软件分析、设计方法；
4. 有数据库设计经验，熟悉SQL SERVER 数据库的开发和管理；
5. 熟悉Ajax、XML 及相关技术，具有良好、规范的编程习惯和文档编写习惯；
6. 具有较好的沟通能力和良好的团队合作精神，对工作有较强的责任心，对新技术有兴趣并有较强的学习能力。

招聘期限： 2010/1/21 剩余13天

联系地址：中国福建省福州市鼓楼区软件大道89号软件园A区19号楼2层

图 3-4-3 官网发布的 Web 开发职位要求

由于中职学生知识水平结构不够系统，所以要掌握 AJAX 技术，需使用比较成熟的 AJAX 框架；同时，为了让学生理解无刷新技术 AJAX 与传统页面展现技术的区别，需提供两种不同版本的案例(分别采用 AJAX 技术和传统技术)。本示例教学通过分析解读基于

AJAX 版本的 MyBlog 注册案例、演示比较两种不同版本的案例，帮助学生理解 AJAX 技术、掌握 VS2008 开发平台下 AJAX Extensions 控件(包括 ScriptManager、UpdatePanel、UpdateProgress 三个控件)的使用。通过示例教学，学生能够快速掌握在 VS2008 平台下 AJAX 技术的应用，初步理解 AJAX 技术与传统技术的区别。

本示例是通过对案例的解读、分析，帮助学生切实理解案例的操作过程，所以采用“案例教学法”教学。

2)情景设计

①教学情景

课前引入关于招聘会的相关事宜，激发学生的兴趣，组织学生讨论哪些技术是之前的教学中已经教授过，哪些还未实施，哪些又与 MyBlog 项目相关。通过分析，引导学生认识到 AJAX 技术是一项比较热门的技术。进一步演示 MyBlog 项目注册模块两种版本，分别是实现 AJAX 技术和无 AJAX 技术。以 MyBlog 项目为载体，演示讲解如何在 VS2008 环境实现 Register. aspx 页面的无刷新注册功能。

②教学环境

· 教学软件环境

VS2008 开发平台、Dreamweaver CS4、MSSQL2005 数据库。

· 教学项目环境

在 VS2008 环境下部署 MyBlog 项目，部署项目的过程需要涉及数据库的附加、数据库服务器中账号的配置(默认账号：sa、默认密码：123)，打开 MyBlog 项目浏览注册页面 Register. aspx 并为项目创建一用户以测试项目环境是否搭建成功。

· 材料准备

a. MyBlog 项目最新版本：该版本完整实现了注册功能。

b. MyBlog 项目 AJAX 版本：该版本完整实现了基于 AJAX 的注册功能。

· 课后作业

参考效果评价。

3)策略设计

为实现本示例教学，教学策略设计如下：信息收集与分析→案例导入→案例实现分析→总结。

① 信息收集与分析

本环节将组织学生上网收集招聘会的相关信息，主要是收集招聘会各个企业对招聘职位的技术需求。提高学生的了解兴趣，并对学生收集的信息进行汇总，组织学生进行分析、筛选信息，留下与本专业相关的信息。对于筛选完的信息，可引导学生分析出招聘信息中与 MyBlog 项目有关联的技术，最终引导学生认识本节讲解重点——AJAX 技术。

②案例导入

本环节演示基于 AJAX 的 MyBlog 注册版本和采用传统技术的 MyBlog 注册版本，分析讲解两个版本的区别。

③案例实现分析

本环节通过具体案例实现操作过程，分析讲解在 VS2008 中使用 AJAX Extensions 实现注册页面的无刷新注册功能。详细讲解过程如下：

- 打开注册页面 Register. aspx，并切换至【设计】模式。
- 在 VS2008【工具箱】的【AJAX Extensions】选项卡中，选择控件【Script Manager】。
- 拖曳控件【Script Manager】至注册页面 Register. aspx。

【详细讲解】脚本管理控件(ScriptManger)是 ASP. NET AJAX 中非常重要的控件，通过使用 ScriptManger 能够进行整个页面的局部更新管理。ScriptManger 用来处理页面上局部更新，同时生成相关的代理脚本以便能够通过 JavaScript 访问 Web Service。

ScriptManger 只能在页面中被使用一次，这也就是说每个页面只能使用一个 ScriptManger 控件，ScriptManger 控件用来进行该页面的全局管理。创建一个 ScriptManger 控件后系统自动生成 HTML 代码，示例代码如下所示：

```
<asp: ScriptManager ID="ScriptManager1" runat="server">
</asp: ScriptManager>
```

ScriptManger 控件用户整个页面的局部更新管理，ScriptManger 控件的常用属性如下所示：

AllowCustomErrorRedirect：指明在异步回发过程中是否进行自定义错误重定向。

AsyncPostBackTimeout：指定异步回发的超时事件，默认为 90 秒。

EnablePageMethods：是否启用页面方法，默认值为 False。

EnablePartialRendering：在支持的浏览器上为 UpdatePanel 控件启用异步回发，默认值为 True。

LoadScriptsBeforeUI：指定在浏览器中呈现 UI 之前是否应加载脚本引用。

ScriptMode：指定要在多个类型时可加载的脚本类型，默认为 Auto。

在 AJAX 应用中，ScriptManger 控件基本不需要配置就能够使用。因为 ScriptManger 控件通常需要同其他 AJAX 控件搭配使用，在 AJAX 应用程序中，ScriptManger 控件就相当于一个总指挥官，这个总指挥官只是进行指挥，而不进行实际的操作。如果需要使用 AJAX 的其他控件，就必须使用 ScriptManger 控件并且页面中只能包含一个 ScriptManger 控件。

- 在 VS2008【工具箱】的【AJAX Extensions】选项卡中，选择控件【UpdatePanel】。
- 拖曳控件【UpdatePanel】至注册页面 Register. aspx。
- 将注册页中各个表单项拖拽至【UpdatePanel】控件中。

【详细讲解】更新区域控件(UpdatePanel)在 ASP. NET AJAX 是最常用的控件，在上面几节控件的讲解中，已经使用到 UpdatePanel 控件，这已经说明 UpdatePanel 控件是非常重要的 AJAX 控件。

UpdatePanel 控件使用的方法同 Panel 控件类似，只需要在 UpdatePanel 控件中放入需要刷新的控件就能够实现局部刷新。使用 UpdatePanel 控件，整个页面中只有 UpdatePanel 控件中的服务器控件或事件会进行刷新操作，而页面的其他地方都不会被刷新。UpdatePanel 控件 HTML 代码如下所示：

```
<asp:UpdatePanel ID="UpdatePanel1" runat="server">
</asp:UpdatePanel>
```

UpdatePanel 控件可以用来创建局部更新，开发人员无须编写任何客户端脚本，直接使用 UpdatePanel 控件就能够进行局部更新，UpdatePanel 控件的属性如下所示：

RenderMode：该属性指明 UpdatePanel 控件内呈现的标记应为<div>或<span>。

ChildrenAsTriggers：该属性指明在 UpdatePanel 控件的子控件的回发是否导致 UpdatePanel 控件的更新，其默认值为 True。

EnableViewState：指明控件是否自动保存其往返过程。

Triggers：指明可以导致 UpdatePanel 控件更新的触发器的集合。

UpdateMode：指明 UpdatePanel 控件回发的属性，是在每次进行事件时进行更新还是使用 UpdatePanel 控件的 Update 方法再进行更新。

Visible：UpdatePanel 控件的可见性。

· 在 VS2008【工具箱】的【AJAX Extensions】选项卡中，选择控件【UpdateProgress】。

· 拖曳控件【UpdateProgress】至注册页面 Register. aspx。

· 设置控件【UpdateProgress】属性，【DisplayAfter="0" DynamicLayout="false"】，同时编写进度显示信息。

【详细讲解】使用 ASP. NET AJAX 常常会给用户造成疑惑。例如当用户进行评论或留言时，页面并没有刷新，而是进行了局部刷新，这个时候用户很可能不清楚到底发生了什么，以至于用户很有可能会产生重复操作，甚至会产生非法操作。

更新进度控件(UpdateProgress)就用于解决这个问题，当服务器端与客户端进行异步通信时，需要使用 UpdateProgress 控件告诉用户现在正在执行中。例如当用户进行评论时，当用户单击按钮提交表单，系统应该提示“正在提交中，请稍后”，这样就提供了便利从而让用户知道应用程序正在运行中。这种方法不仅能够让用户操作更少地出现错误，也能够提升用户体验的友好度。

在用户单击异步传输事件后，如果服务器和客户端之间的通信需要较长时间的更新，则等待提示语会出现“正在操作中”。如果服务器和客户端之间交互的时间很短，基本上看不到 UpdateProgress 控件的显示。虽然如此，UpdateProgress 控件在大量的数据访问和数据操作中能够提高用户友好度，并避免错误的发生。

· 保存解决方案，在浏览器中预览测试效果。

④总结

通过前面环节的讲解，学生对 AJAX 技术有了正确的认识，为了让学生能对知识有更深的理解，本环节将进一步总结 AJAX 技术的应用场景和各种 AJAX 控件的使用。

完成本示例教学，预计用时 45 min。

(4)过程实施

步骤	知识点与操作	学生活动	参考时间
1. 导入	教师公布招聘相关信息，比较与专业相符的职位要求	听讲	5 min
2. 信息分析	引导学生讨论招聘信息中与本专业相关联的技术。分析招聘信息中哪些可以在 MyBlog 项目中实施。引入 AJAX 技术	分析讨论	5 min
3. 案例导入	教师演示基于 AJAX 技术的 MyBlog 注册版本和采用传统技术的版本。分析比较两种版本	听讲	5 min
4. 分析讲解	1) 打开注册页面 Register. aspx 并切换至【设计】模式 2) 在 VS2008【工具箱】的【AJAX Extensions】选项卡中，选择控件【Script Manager】 3) 拖曳控件【Script Manager】至注册页面 Register. aspx 4) 在 VS2008【工具箱】的【AJAX Extensions】选项卡中，选择控件【UpdatePanel】 5) 拖曳控件【UpdatePanel】至注册页面 Register. aspx 6) 将注册页中各个表单项拖曳至【UpdatePanel】控件中 7) 在 VS2008【工具箱】的【AJAX Extensions】选项卡中，选择控件【UpdateProgress】 8) 拖曳控件【UpdateProgress】至注册页面 Register. aspx 9) 设置控件【UpdateProgress】属性，【DisplayAfter="0" DynamicLayout="false"】，同时编写进度显示信息 10) 保存解决方案，在浏览器中预览测试效果	听讲	20 min
5. 总结	讲解 AJAX 的相关应用 讲解 AJAX Extensions 各个控件的使用方法	听讲	10 min
			共：45 min

(5)教学效果评价

练习作业与评价点：

1)练习作业

完成 MyBlog 项目中登录页的无刷新登录功能。

2)评价点

从以下三点评价学生完成情况：

① 是否从【工具箱】中拖曳了【ScriptManager】、【UpdatePanel】、【UpdateProgress】三个控件。

② 是否将登录页中登录部分表格内容拖曳至【UpdatePanel】中。

③ 是否设置【UpdateProgress】的进度条信息和属性值 DisplayAfter=0。

如果能完成全部 3 项，则说明学生完全掌握 AJAX 的使用；如果能够完成评价项中的

①和②，则说明学生已经基本掌握 AJAX 的使用；如果只完成项①，则说明未掌握更新面板控件【UpdateProgress】的使用。

3.5 任务驱动教学法

3.5.1 示例一："随机函数与时间控制器的使用"教学

"随机函数与时间控制器的使用"历来是中职学生语言函数学习中的难点，在教学中结合学生生活实际需求，通过随机函数与时间控制器的使用解决实际问题，是使得学生理解与掌握的关键。因此，针对学生五一节班级联欢晚会的抽奖环节入手要解决的问题，设计一个利用随机函数随机产生中奖号码的任务，无异能较好地激发学生的学习兴趣。任务：参加晚会有 60 人，学号从 1 到 60，抽奖时用 C# 随机函数产生[1，60]范围内的中奖号码。

(1)技能与知识目标

1)能用 C# 随机函数产生给定[N，M]范围内的随机数。

2)能使用时间控制器 Timer 设置时间间隔，控制运行频率。

(2)前导技能与知识水平要求

1)能创建 C# 窗体、标签、文本框、按钮和时间控制器 Timer 等控件。

2)能使用 C# 的顺序结构、选择结构和基本的单循环结构。

3)能定义整数数组，并能对其进行赋值和取值。

4)能使用字符串与整数的互换函数：Convert. ToInt16 和 Convert. ToString。

(3)场景分析设计

1)教学分析

学生计划五一节班级联欢晚会进行抽奖活动，抽奖的随机性激发了学生了解随机数学习的兴趣与需求，俗话说兴趣是最好的老师，这对教学起到了推波助澜的作用。晚会中的抽奖活动需要产生随机数，由于中职学生知识水平比较差，特别在数学方面，所以在教学实施过程中应该尽量简化和数学算法有关的内容。本示例教学将采用 C# 中简单易用的随机函数来产生随机数。为了让知识学以致用，所以特安排在学生相关活动之前进行。本示例教学是根据学生抽奖需求的不断深入而逐步展开的任务。把教学过程分为三个任务：①产生一个随机数；②滚动产生随机数；③滚动产生不重复的随机数。每个任务都是对前一个任务的扩展。本示例的教学重点是产生随机数，教学难点是如何用数组避免产生重复的中奖号码。

2)情景设计

①教学情景

引入晚会抽奖话题，激发学生兴趣，各自发表对抽奖活动的看法。从随机号码是如何产生的问题讨论，引出随机数的概念。应用编码产生随机数首先需要程序界面，创建一个模拟电视抽奖活动的窗体界面，第一个任务是要实现单击按钮产生一个随机数；此时，学生提出电视中抽奖的随机数是滚动的，引入第二任务是实现滚动产生随机数，应用时间控制器 Timer 实现；学生发现中奖号码会重复，引入第三个任务滚动产生不重复的随机数，学生分组讨论应该如何实现不重复，引导学生使用数组屏蔽已经抽过的中奖号码。为了降低数组调试难度，可先缩小给定范围，如把范围[1，60]改成[1，3]。引导学生调试成功后，以此类推，逐步完成三个三等奖，二个二等奖，一个一等奖的不重复抽奖任务。教学过程中间会穿插两个针对课堂内容的练习，并附有详细的评价点考查学生的掌握程度。

②教学环境

· 多媒体互动的教学环境(广播软件)。

· VS2008 C# 开发平台。

· 课件和课后作业，其中课件包含电视抽奖视频。

3)策略设计

为实现本示例教学，教学策略设计如下：从需求引入任务→分析任务实现过程→完成任务设计。

从需求引入逐步展开的三个任务，每一个任务都是对前一个任务需求的扩展。

第一个任务：产生一个随机数(中奖学号)。如图 3-5-1 所示，单击“产生一个随机数”按钮，在“中奖学号”文本框中显示一个[1，60]范围内的随机数。

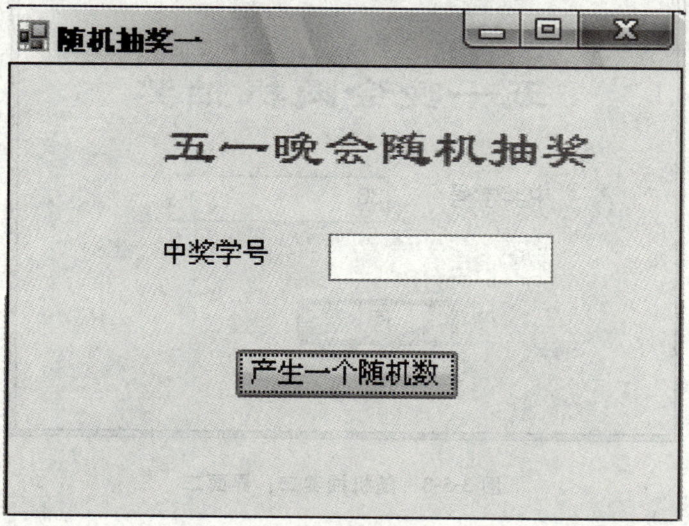

图 3-5-1　随机抽奖一界面

第二个任务：滚动产生随机数，如图 3-5-2 所示，单击“开始”按钮，这时“开始”按钮变成“停”按钮，如图 3-5-3 所示，同时在“中奖学号”文本框中不断滚动地产生一个[1，60]范围内的随机数。此时如果按“停”按钮，就会回到“开始”按钮状态，同时在“中奖学号”文本框中显示一个[1，60] 范围内的静止随机数。

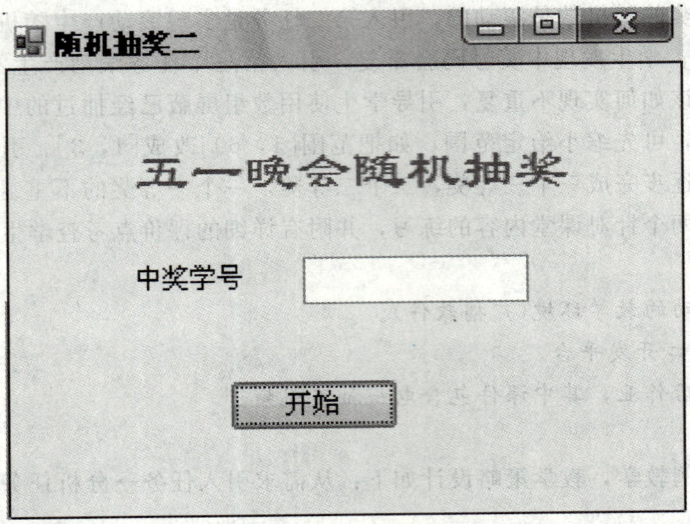

图 3-5-2　随机抽奖二：界面一

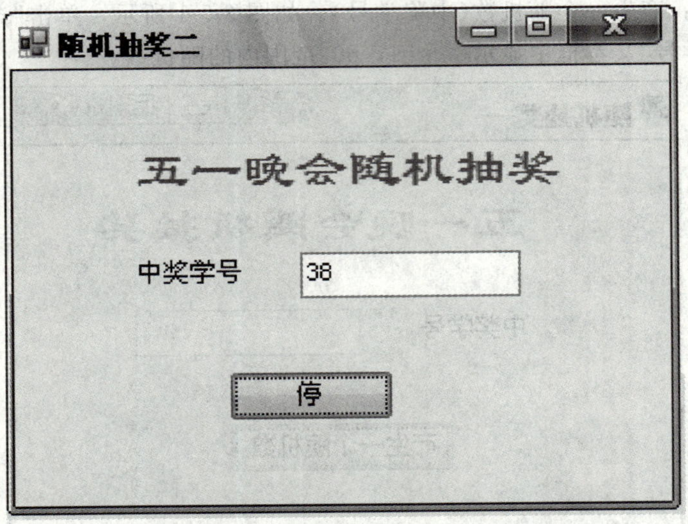

图 3-5-3　随机抽奖二：界面二

第三个任务：中奖号码不重复。如图 3-5-4 所示，依次抽出三个三等奖，两个二等奖，一个一等奖，并且各等级中奖号码不能重复。操作同上面第二个任务。不同之处是把抽过的号码依次放在数组中，下次再遇到这些已中奖号码，自动跳过。

整个教学过程以任务为驱动，逐步促进对程序的改进与完善。完成本示例知识的学习，预计用时 90 min。

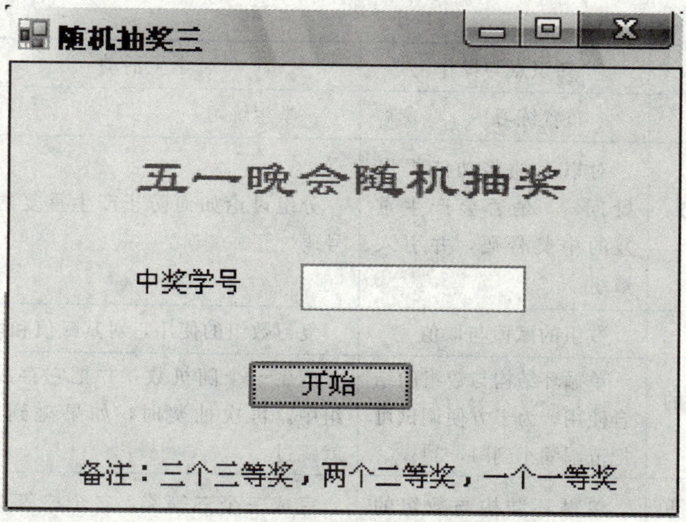

图 3-5-4　随机抽奖三界面

(4)过程实施

步　骤	知识点与操作	学生活动	参考时间
1. 需求引入第一个任务	引入晚会抽奖话题，演示电视中抽奖界面的图片	分组讨论晚会中的电脑抽奖活动，并谈谈电视节目中常见的抽奖界面	5 min
2. 界面创建	创建 C＃窗体、标签、文本框、按钮等控件	根据电视节目抽奖活动的界面，创建类似的窗体和控件	5 min
3. 按钮与按钮事件复习	按钮的 click 事件；整数赋值给文本框；整数转化为字符串	测试单击按钮事件代码，把一个静态的整数值赋给文本框	5 min
4. 随机函数引入	随机函数的初步使用讲解	调用 C＃随机函数产生一个随机数，并把它显示于文本框中	5 min
5. 引入第二个任务：滚动随机数的产生	提出问题：电视中抽奖活动的随机数应该是不断滚动的	分组讨论电视抽奖视频中的滚动随机数是如何产生的	5 min
6. 时间控制器引入	Timer 的初步使用；设置时间间隔 interval 和 Enabled 属性	添加 Timer 控件，并设置其属性窗口。把上面在按钮事件中的代码移到 Timer 事件中运行	5 min
7. 完善按钮功能	播放预先录制好的电视抽奖视频；条件语句的使用	进一步完善按钮功能。按“开始”按钮时，Timer 开始运行，随机数不断滚动，此时按钮显示“停”。当按“停”按钮时，显示静止的随机数，按钮显示“开始”	10 min

续表

步　骤	知识点与操作	学生活动	参考时间
8. 学生练习	布置练习一	学生练习一	5 min
9. 引入第三个任务：防止中奖号码重复	对以上抽奖功能提出疑问——是否会产生重复的中奖号码，并引入数组	分组讨论如何防止产生重复的中奖号码	5 min
10. 数组知识复习	数组的赋值与取值	复习数组的使用，对其赋值和取值	5 min
11. 调试不重复的抽奖	单循环结构与数组的结合使用，为了方便调试可把范围缩小到[1，3]	产生一个随机数，并把它存放在数组中。再次抽奖时，如果碰到此数，就跳过	15 min
12. 进一步完善不重复的抽奖	单循环结构与数组的结合使用	完成三个三等奖，二个二等奖，一个一等奖的不重复抽奖功能	10 min
13. 学生练习	布置练习二	学生练习二	10 min
			共：90 min

(5)教学效果评价

1)练习一：动态产生随机数

如图 3-5-5 所示，在“开始”和“结束”文本框中各输入一个整数 N、M，M>N，单击“开始”按钮，在“结果”文本框中不断滚动产生[N，M]间的随机数，按“停”按钮显示一个静止的随机数。

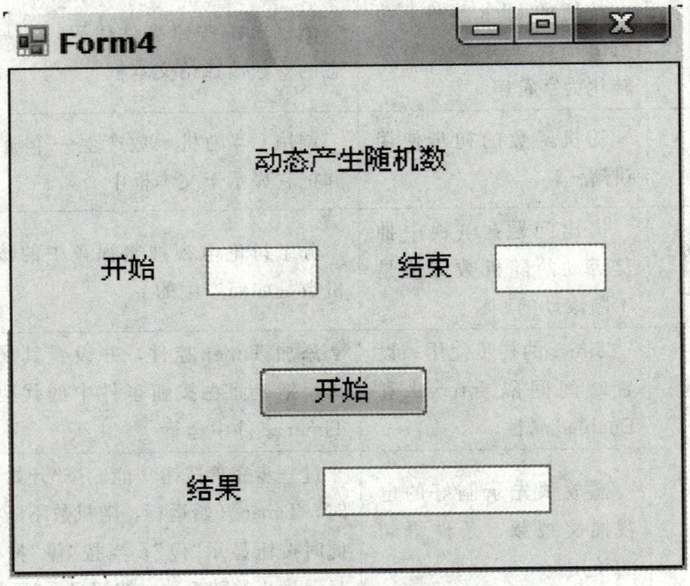

图 3-5-5　练习一界面

评价点：

①如果能把控件的值传递给 N，M，并能产生预期结果，评价结果优良，说明学生能结合本示例知识点熟练运用 Convert 函数对各种数据类型进行转换。

②如果参数不能传递成功，但能滚动产生固定范围的随机数，评价结果及格。说明学生不能运用 Convert 把控件中的字符串值转换成整数值。

③如果不能产生滚动随机数，评价结果不及格。说明未能掌握本示例知识与方法。

2)练习二：假定有一个学生缺席，则此学号不参与抽奖，并且要求每次开奖与前面的中奖号码不能重复。

如图 3-5-6 所示。

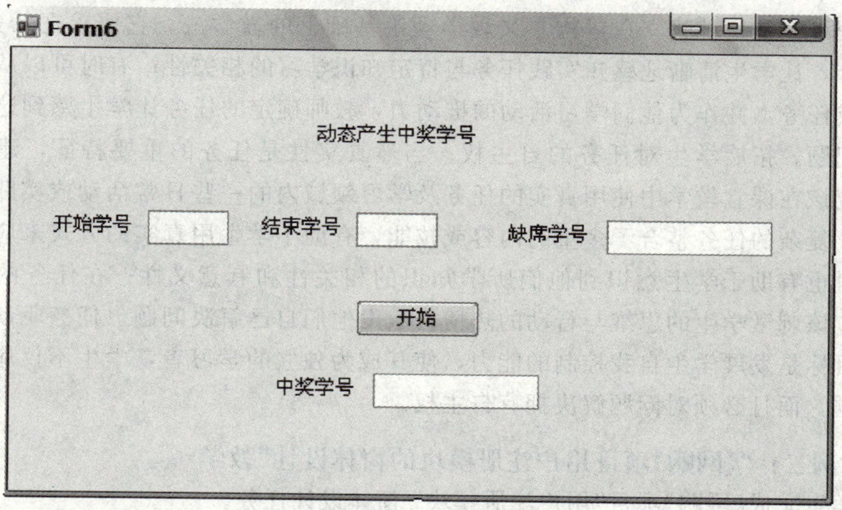

图 3-5-6　练习二界面

评价点：

①如果能把控件的值传递给 N，M，并能屏蔽缺席学号产生预期结果，评价结果优良，说明学生不仅能掌握本示例知识点，还会通过数组屏蔽预先不参与抽奖的学号。

②如果不能屏蔽缺席学号，但会抽出不重复的一、二、三等奖，评价结果及格。说明学生还没领会数组屏蔽缺席学号与一、二、三等奖中奖号码的区别。

③如果只会产生重复的一、二、三等奖，评价结果不及格。说明没有学会用数组屏蔽已经抽过的中奖号码。

3.5.2　方法阐释

任务驱动教学法，是指教师在教学过程中根据教学要求将课程内容拆解为一个个具有实用性、趣味性且难易适度的“任务”，整个教学过程以完成一个个具体的“任务”为目的。该方法要求教师把所教知识与技能巧妙地隐含在一个个任务当中，在教师的引导下，学生提出解决问题的思路和方法，并完成相应的操作及任务。

任务驱动教学法使学生由外部刺激的被动接受者和知识的灌输对象转变为知识与技能

学习的主体与主动建构者，要求教师由知识的传授者、灌输者转变为学生主动建构学习的帮助者、促进者，让学生有多种机会在不同的情境下去主动应用他们所学的知识、形成解决实际问题的方案。以“学以致用”为原则，根据不同层次知识目标处理要求，以任务解决串接基本理论与基本技能，尽可能多地提供各种信息资源以支持任务驱动的学习与协作式探索。让学生在应用学习中不仅知道“是什么”，而且知道“为什么”，拓宽继续学习的能力。

任务驱动教学法主要特点是具有较强的实践性和操作性。它以学生为中心，以任务为驱动主导，注重在教学中培养学生实际动手能力和主动参与意识，使学生能够在真实的任务实现过程中掌握技能的学习。

“任务驱动”是一种建立在建构主义教学理论基础上的教学法。它要求把任务与知识、技能相整合，让学生清晰地感知实践任务与特定知识学习的相关性；有时可以从学生方面获得问题或任务，并作为他们学习活动的推动力，教师确定的任务让学生感到这正是他们要解决的问题，拓展学生对任务的自主权；当然真实性是任务的重要特征，建构主义认为，教师应该在课堂教学中使用真实的任务及学习领域内的一些日常活动或实践，这些接近真实的、复杂的任务整合了多重的内容或技能，有助于学生用真实的方式来应用所学的知识，同时也有助于学生意识到他们所学知识的相关性和有意义性；在任务的实现过程中，教师应该刺激学生的思维与行动的热情，激发他们自己解决问题。任务驱动教学法的一个重要目标是发展学生自我控制的能力，使其成为独立的学习者，学生不仅应该确定所要学的问题，而且必须对问题解决拥有自主权。

3.5.3 示例二：“《网购》项目用户注册模块的窗体设计”教学

指导学生完成《网购》项目“用户注册模块”窗体设计任务。

(1)技能与知识目标

1)懂得在用户注册页面表单中添加 TextBox、Button、RadioButtonList 等 asp. net web 服务器控件，并设置属性。

2)懂得在用户注册页面表单中添加 RequiredFieldValidator Asp. Net Web 验证控件，检查表单中非空信息的填写。

3)懂得在用户注册页面表单中添加 RegularExpressionValidator Asp. Net Web 验证控件，检查两次输入密码是否一致。

4)懂得在用户注册页面表单中添加 RegularExpressionValidator 验证控件，检查用户名文本框是否只能输入字母数字下划线。

5)懂得在用户注册页面表单中添加 RegularExpressionValidator 验证控件检查 Email 文本框输入值是否为有效的 Email 格式。

(2)前导技能与知识水平要求

1)能在 Visual Studio 平台下创建 ASP. NET 网站。

2)能在 ASP. NET 网站中添加 Web 窗体，并为窗体添加常用控件以实现各种表单功能。

3)能在 Visual Studio 开发平台下浏览 Web 窗体以进行简单功能测试。

4)能简单地修改 ASP. NET Web 窗体的 HTML 代码以配合修改 Web 窗体中各个控件的属性。

5)能对 ASP. NET Web 窗体的表单进行非空验证、正则表达式验证、值范围验证、自定义验证。

6)能阅读项目详细设计文档。

(3)场景分析设计

1)教学分析

在学生实现《网购》项目前，教师需要提供完整项目分析、设计文档。学生将根据项目详细设计文档，在教师的引导下完成《网购》项目的具体开发实现。

2)情景设计

由于中职学生知识结构并不完善，且缺少项目经验，而《网购》项目是一个功能完整的系统，因此，指导老师可以采用“任务驱动教学法”引导学生完成项目。整个项目的实现分成若干个大的任务，每个大的任务又细分为多个小任务。指导教师分配细化后的小任务，并引导学生完成。

因此，在实施本示例教学中，需要准备如下：

①教学软件环境：VS2008 开发平台。

②材料准备：《网购》项目详细设计文档。

③课后作业：参考效果评价。

3)策略设计

采用任务驱动法实施教学，具体教学策略可以采用如下程序：任务分配→小组讨论、实现，教师指导→提交成果。

①任务分配

指导教师将细分好的小任务分配给学生，并提供项目详细设计文档。在本示例中，学生分配到的任务是：阅读《网购》项目详细设计说明书，并完成《网购》项目用户注册模块的 ASP. NET WEB 窗体设计。

②学生分析、实现，教师指导

任务分配后，学生阅读详细设计说明书，分析任务，独立完成。同时教师可设定多个任务检查点。检查点是任务必须操作的步骤。教师预测检查点的完成时间，并检查学生的完成情况。若学生出现未能解决的问题而影响任务进度，教师应适当启发和指导，保证学生任务进度。在学生分析、实现任务过程中，指导教师作为一个旁观者和指导者，帮助学生解决问题。

根据本示例任务要完成的内容，教师检查点设置如下：

· 窗体表单、表单控件设计。

学生完成本检查点的时间大约为 20 min。

难点为：密码输入框的 TextMode 属性需设置为“Password”，且可输入字符的最大长度为 12。

代码如下所示：

```
<asp:TextBox ID="txtpwd" runat="server" TextMode="Password" Width=
"142px" MaxLength="12" >
```

若学生未能实现此功能，老师应指导学生完成。让学生知道 TextBox Web 控件的 TextMode 属性值“SingleLine”、“Password”、“MultiLine”的使用情境。

• 注册页面中“用户名”、“密码”、“真实姓名”等必填字段的客户端非空验证与提示信息。

学生完成本检查点的时间大约为 15 min。

学生难点为：

a. 必填字段的客户端非空验证

如用户名字段的非空判断，代码如下所示：

```
<asp:RequiredFieldValidator ID="rfvUserName" runat="server"
ControlToValidate="txtUserName"
ErrorMessage="用户名不能为空！">
</asp:RequiredFieldValidator>
```

若学生未能实现此功能，则老师应指导学生完成。让学生知道 RequiredFieldValidator Web 控件的使用方法。

b. 信息输入格式限制的实现

用户名字段输入值要求为“用户名 6～12 位，其后只能含有字母、数字和下划线”，代码如下所示：

```
<asp:RegularExpressionValidator ID="revUserName" runat="server" ControlTo-
Validate=" rfvUserName"
ValidationExpression="^[a-zA-Z0-9_]{5, 20}$">用户名6～12位，其后只能含有
字母、数字和下划线！
</asp:RegularExpressionValidator>
```

Email 字段输入值需符合邮件格式，代码如下所示：

```
<asp:RegularExpressionValidator ID="RegularExpressionValidator3"
runat="server" ErrorMessage="邮件格式不正确！"
ValidationExpression="\w+([-+.']\w+)*@\w+([-.]\w+)*\.\w+
([-.]\w+)*"
ControlToValidate="txtEmail" Font-Size="13px">邮件格式不正确！
</asp:RegularExpressionValidator>
```

若学生未能实现此功能，则老师指导学生完成。让学生知道 RegularExpressionValidator Web 控件的使用方法。

• 提交成果

学生提交任务成果。

完成本示例教学内容，预计用时 45 min。

(4)过程实施

步骤	知识点与操作	学生活动	参考时间
1. 任务分配	教师分配“《网购》项目用户注册模块的 ASP. NET WEB 窗体设计”任务给学生，并指定完成时间为 30 min	听讲	教师讲述时间 5 min
2. 学生阅读文档、实现任务，教师引导	学生阅读《网购》项目详细设计说明书，讨论任务的具体内容及实现方式 教师根据任务检查点，控制学生任务进度	学生分析、实践	学生完成时间 30 min
3. 提交成果	分析评价学生提交的任务成果。		时间 10 min
			共：45 min

(5)教学效果评价

1)练习作业

阅读《网购》项目详细设计说明书，完成用户登录 Asp. Net Web 窗体设计。

2)评价点

能够完成用户登录 Asp. Net Web 窗体设计，评价可以细分如下几项：

①能使用 TextBox Web 控件设计用户名、密码输入框。

②能使用 RegularExpressionValidator 正则表达式验证控件实现用户名、密码输入条件的限制功能。

关键代码如下：

```
<table align="center" border="0" cellpadding="0" cellspacing="0" width=
            "370">
  <tr>
    <td align="center" height="30" width="75">
      <span class="style1 STYLE1">·</span>用户名：
    </td>
    <td style="width: 185px">
      <asp: TextBox ID="txtUserName" runat="server" Font-Names="Arial"
          Font-Size="12px" MaxLength="20" TabIndex="7" Width="130px">
      </asp: TextBox>
    </td>
  </tr>
  <tr>
    <td align="center" height="30">
```

```
    <span class="STYLE1">·</span>密 码:
  </td>
  <td style="width: 185px">
  <asp: TextBox ID="txtPassword" runat="server" Font-Names="Arial"
        Font-Size ="12px" MaxLength ="16" TabIndex ="8" TextMode =
              "Password" Width="129px">
    </asp: TextBox>
  </td>
</tr>
<tr>
  <td align="center" colspan="2" >
    <asp: RegularExpressionValidator ID="revTxtUserName" runat="server"
          ControlToValidate="txtUserName"
          ErrorMessage="用户名 6～12 位，其后只能含有字母、数字和下
          划线!"
          ValidationExpression="^[a-zA-Z0-9 _ ]{5, 20} $ ">
    </asp: RegularExpressionValidator>
  </td>
</tr>
<tr>
  <td align="center" colspan="2">
    <asp: RegularExpressionValidator ID="revPassword" runat="server"
          ControlToValidate="txtPassword" ErrorMessage="密码长度为 6～
          20 位!"
          ValidationExpression=". {6, 20}">
    </asp: RegularExpressionValidator>
  </td>
</tr>
</table>
```

③在完成以上两项的基础上，调试正常，且能正常运行。

如果学生能够完成第一项则评价为及格；如果能够完成前两项则为良好，如果完成全部则为优秀。

3.6 探究学习教学法

3.6.1 示例一："用户购物流程测试用例的设计"教学

根据网上购物系统的购物流程，设计一个用户购物流程的测试用例。整个订购过程为：进入网站，选购物品，进行订购，将物品放进购物车，结账时，用户登录注册账号，登录成功后，结账并生成订单。

(1)技能与知识目标

1)能根据功能模块要求的操作活动绘制基本流。

2)能以基本流为基础，绘制满足触发条件的事件流，即备选流。

3)能用基本流与备选流生成场景，描述功能模块的业务流程。

4)能对业务流程进行场景分析，根据分析场景设计测试用例。

(2)前导技能与知识水平要求

1)理解软件缺陷的含义，如软件是否存在完全没有实现的功能、软件是否在运行时出现一些功能或性能上的错误、软件是否出现了需求规格说明书中指明不会出现的错误及软件功能是否超出需求规格说明书中指明的范围等。

2)了解测试用例是测试输入、执行条件和预期结果的集合。

3)能从全局分析模块功能点，如登录账号、生成订单等。

4)能从全局掌握模块业务流程，如由进入网站到成功登录，生成订单即形成了购物过程，该过程包含了多数用户最经常操作的功能点。

(3)场景分析设计

1)教学分析

现在的软件几乎都是用事件触发来控制流程的，事件触发时的情景便形成了场景，而同一事件不同的触发顺序和处理结果就形成事件流。这种在软件设计方面的思想引入到软件测试中，比较生动地描绘出事件触发时的情景，有利于测试设计者设计测试用例，同时使测试用例更容易理解和执行。如果采用传统教学模式，枯燥的内容很容易令学生失去兴趣，产生遗忘现象。通过创设网上商品订购这一任务情景，引导学生使用场景描述业务流程，最后以分析讨论的方式，引导学生发现、掌握解决问题的途径，总结出本次测试使用方法：场景分析法。这种教学方法能够促使学生主动地参与到教学过程，加深学生对场景分析法的理解及对相关知识点的掌握；提高他们发现问题、分析解决问题的能力以及实践操作能力。

2)情景设计

本示例教学内容重点在于场景分析法的应用，走概念、方法分析会、操作，容易使学生丧失学习兴趣。因此在教学中，采用4～6人/组方式分组讨论，为学生创设一种学生之间相互交流与合作的学习环境。

一般来说，学生对网上购物已经有了一定的认识，甚至一些学生有过网上购物的亲身体验。因此，在教学条件允许的情况下，可以选取几个知名的购物网站(如当当网、卓越网、淘宝网等)，让学生进入这些网站，亲自尝试、体验购物的整个流程；还可以请有网上购物经验的学生讲述他们的购物过程，讨论分析订购过程中的重要环节，使课堂展现一种边学边做、边做边学、学做互融的和谐氛围。

本示例内容主要是为网上购物系统订购过程设计测试用例，结合学生的特点，为实现技能与知识目标，需要为整个教学过程做以下准备：

①网络环境

能够进行互联网访问。

②测试任务

用户进入在线购物网站，选购物品，在线购买，这时需要使用账号登录，登录成功后，付钱交易，交易成功并生成订单，完成整个购物过程。

③准备材料

· 用于课堂参考的材料：自行选取一些购物网站的页面图片及订购过程页面图片(或录制订购过程的相关视频)，加深学生对购物网站和订购过程的理解(亦可参看本示例电子附件提供的相关图片)。

· 用于表演的场景片段：

a. 猎人开枪打鸟：猎人举起枪扣动扳机，打死的鸟掉到树下，未被打中的鸟飞走。

b. 过桥问题：一家 4 人，一对夫妻、一个老人和一个小孩，丈夫过桥需要 1 min，妻子需要 2 min，老人需要 5 min，小孩需要 10 min。

当时天上一片漆黑，在过桥的过程中如果不用手电筒无法看清桥面。他们带有一个能照亮 10 米远的小手电筒，手电筒的电量可以维持 1 小时左右。桥的长度为 60 米，最多可以同时让两个人通过，否则会因承受不了重量而断裂。

④课后作业

参看教学效果评价。

3)策略设计

考虑到学生间的水平差异及对先前内容的掌握程度，本示例具体教学策略如下：课前分组→场景表演→问题导入→探究解决→实践巩固。

①课前分组

为了激发和延续学生的学习兴趣，促使学生主动参与，将学生按 4～6 人分组，以便在学习过程中相互探讨、彼此帮助。

②场景表演

为活跃课堂气氛，加深学生对场景的理解，让学生观看课前编排的场景剧。同时教师引导学生分析场景的构成要素。

③问题导入

选择几个购物网站，让学生亲自体会并讨论购物流程，引入本次课的教学任务。

④探究解决

通过观看购物视频，加深学生对本次测试任务的理解，指导学生在联系实际的基础上，对任务进行探究分析。以提问讨论的方式，引导学生发掘任务流程中潜在的基本流、备选流及可能的场景，并确定如何利用基本流、备选流构造场景，最终设计测试用例。在一系列探究活动结束之后，请每组学生根据本节内容的技能知识目标，讨论该测试方法的名称并总结其基本步骤，加深学生对场景分析法的理解，掌握方法的使用。

⑤实践巩固

学生通过讨论总结已经初步掌握应用场景分析法测试的基本步骤。为了进一步加深他们对该方法的理解程度，需要设计一些课后任务供其实践应用。此时，可预先设计好一套类似的功能模块，要求学生通过组间讨论给出相应的测试用例(具体案例可参考本示例后面的作业)。

完成本示例教学，预计用时 90 min。

(4)过程实施

步骤	知识点与操作	学生活动	参考时间
1. 教学活动基本流程及评价方法介绍	流程：理解场景→探讨分析问题→小组活动→总结结果→交流评价 根据学生能力进行分组(4～6 人/组)	听讲、思考、提问、分组。	10 min
2. 情景表演，导入问题	创设问题情景，以情景剧片段形式展现： 1)猎人开枪打鸟 2)过桥问题 分析两个片段的共同之处，由此引出“场景”这一含义及其构成要素	理解情景问题，组内分析讨论，得出结论：场景包括一个环境和一系列事件	表演时间 15 min 学生讨论时间 5 min 教师分析时间 3 min
3. 引入测试任务问题	1)指导学生访问当当网、淘宝网、卓越网：根据自己需求选购物品，体会网上购物的整个过程 2)交流讨论各自购物的过程 3)播放网上购书过程的录像，引入本节测试任务：用户进入在线购物网站，选购物品，在线购买，这时需要使用账号登录，登录成功后，付钱交易，交易成功并生成订单，完成整个购物过程	学生上网购物实践；联系实践理解录像内容，明确任务	学生实践体会时间 5 min 学生讨论交流时间 5 min 教师讲解时间 3 min

续表

步骤	知识点与操作	学生活动	参考时间
4. 分组探究分析	组织学生探究分析讨论： 1)订购过程中最主要的一个业务流程，即基本流 2)以基本流为基础，订购过程中可能产生其他事件流，即备选流。 3)订购过程可以由哪些场景描述，这些场景与基本流、备选流之间存在的关系 4)根据构造场景设计测试用例	学生组内讨论分析，确定基本流、备选流，构造场景，并给出满足场景要求的测试用例，判断是否存在软件缺陷	学生分析讨论、实践操作 10 min 教师分析讲解 15 min
5. 讨论总结	组织学生对测试过程总结： 1)以提问的方式引导学生讨论本次测试与以往测试方法的不同之处，为本次测试方法命名 2)回顾测试过程，启发学生总结概括本次测试的基本步骤	小组讨论汇报，其他小组提出疑问	学生讨论汇报时间 5 min 教师总结时间 10 min
6. 总结评价	1)引导学生对自己所学习的新知识进行反思，对在活动中的表现进行评价 2)对小组和个人进行评价，鼓励同学的表现，尤其是平时不愿意发言的学生或者对测试不感兴趣的学生	梳理新学习的知识，反思自己的表现	时间 4 min
			共：90 min

(5)教学效果评价

1)课堂跟踪

教师可根据上述测试过程评价学生在每个实施步骤中的完成情况。如在指定的时间范围内，能够独立完成，成绩为优秀；经教师或组员的指导后，能够完成的，成绩为良好。

2)练习作业与评价点

练习作业：

省级管理员登录扶贫基金管理系统，审核项目经办人提交的建设项目，选定审核通过的上报市级管理部门，未通过则退回修改。对该上报过程进行测试，设计测试用例。

评价点：

从以下三点评价学生完成情况：

①是否确定上报过程的基本流、备选流。如果未能确定，则说明该学生可能尚未了解任务的业务流程，未能掌握本节技能与知识目标。

②是否确定场景。如果未能确定，则说明该学生可能对场景的构造尚不清晰，未能掌握本节技能与知识目标。

③是否设计出正确的测试用例，找出缺陷。如果未能给出正确的测试用例或缺陷判断错误，说明该生对测试用例或软件缺陷尚未清晰理解，其前导技能和知识水平尚未达到要求。

3.6.2 方法阐释

探究学习教学法，是通过创建教学情境，由教师引导学生发现问题、分析问题，并通过一系列的探究活动来解决问题，最终达到获取知识、提高操作技能、培养实践能力的目的一种教学方法。

其基本过程是：创设情景→提出问题→准备、收集资料或素材→探究发现→讨论交流→得出结论或解决问题。

探究学习教学法主要特点是互动。学生的主动参与形成师生、生生间的交流——“互动”。

“互动”的主要特征是：通过师生、生生交流、教学互助，教师、学生、课程、环境相互作用，在活动中建构知识。

技能性很强的计算机软件专业教学，师生、生生之间的交流与互动是特别重要的。

探究学习教学法在软件设计教学中的应用越来越普遍。它鼓励学生用自己的头脑亲自去获得知识，重视学生的学习主动性，不把学生当作被动的接受者，而是让学生参与到知识的获取过程中，将探究中所观察到的规律、过程内化成概念与技能。

在教学过程中，教师根据教学目标，寻找与教学内容密切相关的、可以激发学生学习兴趣的资料，创设出情景，向学生提出将要研究的范围。学生则发现并提出问题，在教师的引导下，集中对一或两个问题进行重点研究，学生共同讨论，在观察、比较、分析的基础上，提出解决路径，并将掌握的知识进行加工处理，对问题形成一个合理的解决步骤。

探究学习教学法的“主体”是学生，主体参与教学就是学生进入教学活动，能动地、创造性地完成学习目标。因此，这种教学活动可以培养学生必要的社会性品质，使学生在教学中自始至终充当着主人的角色，在共同的活动中学会如何与人相处、合作，学会初步地对问题表述自己的看法与评价，教学充满活力，可以使学生利用已有的认知结构，对外界信息进行主动的选择、推断，主动地构建对外部信息的解释系统。一旦学生成为认识过程的主体，他们就不再是被动地去接受教师传授的知识和技能，他们在发现问题、提出问题、解决问题的过程中，智力得到了较好的发展。

3.6.3 示例二：“MyBlog注册页设计”教学

本示例完成MyBlog系统注册页面的设计。MyBlog系统多个页面存在相同内容，为了保证整体风格的一致性，使用母版页技术设计注册页，同时，采用母版页技术对登录页进行重构。

(1)技能与知识目标

1)能在VS2008平台下为ASP.NET3.5网站创建具有指定可编辑区域的站点级模板即母版页，以保证当网站中多个页面具有相同内容时网站风格的一致性。

2)能为具有相同内容的多个页面创建统一的母版页，方便网站后期维护时的统一修改。

3)能使用 ContentPlaceHolder 控件为母版页定义可编辑区域。

4)能使用母版页在 ASP. NET3. 5 网站中创建子页面。

5)能使用修改网页代码的方式对现有的网页进行重新设计，使现有的网页能够继承指定的母版页。

6)能在子页面中使用 FindControl 方法查找母版页的控件对象并修改控件对象的属性，以实现子页面对母版页公共部分的个性处理。

7)了解以 DRY(Don't Repeat Yourself)为原则进行母版页开发的面向对象设计思路。

(2)前导技能与知识水平要求

1)能在 VS2008 平台下分别采用文件系统、HTTP、FTP 三种方式创建 ASP. NET3. 5 网站。

2)能在 VS2008 平台下对 ASP. NET3. 5 网站进行调试，调试过程中会采用断点方法跟踪变量的变化。

3)能在 ASP. NET3. 5 网站中创建和编辑 Web 窗体，会为 Web 窗体重新命名，同时知道如何在浏览器中访问新创建的 Web 窗体。

4)能在 VS2008 平台下为 ASP. NET3. 5 网站中的 Web 窗体添加相关功能的表单控件，会设置这些表单控件的属性(包括：ID、Text、CssClass 等属性)。

5)能在 Web 窗体中添加按钮控件，通过双击该按钮生成按钮的单击事件；了解事件的生成原理和 ASP. NET Web 窗体的生命周期。

6)能使用验证控件(非空验证控件、正则表达式验证控件、比较验证控件、自定义验证控件)对表单进行数据合法性验证。

7)了解 C# 中的继承和封装特性。

8)能在 VS2008 平台下对 C# 代码进行重构，如方法的重构、属性的重构。

(3)场景分析设计

1)教学分析

本示例教学内容是完成 MyBlog 系统登录页面 Login. aspx 的设计，案例的开发平台是 VS2008，同时结合 Dreamweaver 进行简单的 HTML 和 CSS 编辑。学生在完成本示例的设计内容后，能掌握在 VS2008 平台下以继承母版页的方式创建登录页的方法；能明白为什么需要采用母版页的方式、采用母版页方式和传统设计方式之间的区别；能够初步了解程序设计中的重构方法，懂得何时运用 DRY 原则。

为了实现本示例教学技能与技术目标，在指导学生进行 MyBlog 系统登录页的设计过程中，先用传统的制作方法即拷贝和修改方案设计登录页。由于登录页和注册页部分内容相同，因此采用拷贝、修改方法可以快速实现登录页的设计。当学生完成设计后，组织学生讨论该方法存在的问题，重点是网站网页数量增多的时候，修改极不方便，必须多个页面重复修改。当学生探究发现问题之后，便可引入母版页，引导学生掌握母版页的使用。因此，本示例教学采用发现探究教学法。通过引导学生采用传统拷贝、修改方案完成登录页的设计方法，创建整个教学情景，然后引导和组织学生探究这些方法存在的问题，最终引导学生使用母版页的方法完成登录页和注册页的重新设计。完成这一系列操作学生可达到对既定技术技能和知识的掌握。

2)情景设计

①教学软件环境

VS2008 的开发平台、Dreamweaver CS4、MSSQL2005 数据库。

②教学项目环境

在 VS2008 环境下部署 MyBlog 项目，部署项目的过程需要涉及数据库的附加、数据库服务器中账号的配置(默认账号：sa、默认密码：123)、打开 MyBlog 项目浏览注册页面 Register. aspx 并为项目创建一用户以测试项目环境是否搭建成功。

③材料准备

· MyBlog 项目最新版本：该版本实现了注册功能。

· 用于课堂讨论的材料：截取某个网站下某一特定栏目包含的多个页面图片，将这些图片制作成 PPT 用于在课堂组织学生讨论网站风格一致性问题(亦可参考本示例电子附件提供的用于讨论的 PPT)。

· 用于在 VS2008 下进行重构的 C# 代码：可任意准备一段代码，该片段代码用于在 VS2008 环境下指导学生进行方法重构(亦可直接使用项目中原有的代码)。

④测试案例

该案例用于了解学生对当前项目的掌握程度，可自行设计一简单案例作为课程的前导部分(亦可参考本示例电子附件提供的测试案例)。

⑤课后作业

参考效果评价。

3)策略设计

采用发现探究法实施教学，具体教学策略可以采用如下程序：铺垫设疑→发现探究→讨论总结→实践应用。

① 铺垫设疑

本示例教学内容要求完成 MyBlog 系统登录页的设计，同时掌握母版页的使用。在教学过程中，以原先设计完成的注册页面作为铺垫，采用设计注册页面的方法制作登录页，为学生后续的探究创造条件。当学生采用传统方法设计完登录页后，便可设计下一环节让学生发现探究的问题：当网站中多页面具有相同内容时，会不会给网站后期的维护带来不方便。

② 发现探究

引导学生对上一环节设计完成的登录页进行分析，并提出存在问题，也可以通过提示让学生发现上一环节存在的问题。通过讨论，当网站中很多网页具有相同内容时，会影响网站后期的维护：如果要修改某一页面的内容实际上需要重复修改多个地方。发现问题之后，便可引入母版页的解决方案，由此，学生既掌握了母版页的使用，也了解了使用母版页的原因。

③ 讨论总结

在发现问题并探究解决方案后，可进行讨论总结。总结时，除了介绍母版页的相关知识外，还需引入DRY原则及重构技术，并在VS2008开发平台下进行方法重构，让学生初步了解重构的意义。

④ 实践应用

学生了解了母版页在MyBlog项目中的使用，为了让学生懂得将母版页应用到实际项目开发中，需要设计一些课后案例供学生实践应用。在本环节中，可预先设计好案例，该案例只涉及几个具有相同内容的页面，要求学生通过母版页对这些页面进行重构(具体案例可参考本节后面的作业)。

完成本节知识点内容，预计用时45 min。

(4)过程实施

步骤	知识点与操作	学生活动	参考时间
1. 用拷贝和修改方式创建登录页	1)在VS2008中打开MyBlog项目，并在MyBlog网站的根目录下添加新的Web窗体命名为Login.aspx作为MyBlog项目的登录页 2)复制Register.aspx页面中的代码至Login.aspx页面 3)修改Login.aspx中的表单为登录功能 4)完成Login.aspx页面的登录功能 5)调试完成的登录页	学生根据教师的演示自行动手实践，掌握传统方法，完成MyBlog系统登录页的制作	教师演示时间5 min，学生动手实施时间8 min
2. 探究分析	组织和引导学生发现现有设计中存在的问题：网站后期维护不方便，当多个页面要同时修改相同内容时重复工作量大	学生以小组形式探究分析讨论	5 min
3. 引入母版页	1)在MyBlog项目中新建母版页 2)将登录页和注册页公共部分添加至母版页 3)使用ContentPlaceHolder为母版页定义可编辑区域，该区域为登录页和注册页以及后续其他子页面自定义表单区域	学生动手实践，掌握在VS2008创建母版页的方法	教师演示时间5 min，学生动手实施时间8 min
4. 重构	1)在MyBlog项目中使用修改代码的方法重构注册页面，让注册页面使用MyBlog项目中的母版页 2)采用VS2008向导方法使用母版页创建子页面，以达到重构注册页 3)调试重构后的注册页，调试结果要求注册的功能与没有重构之前必须一致	学生自行动手实践使用母版页重构登录页	教师演示时间3 min，学生动手实施时间5 min

续表

步骤	知识点与操作	学生活动	参考时间
5. 总结	1)以提问的方式引导学生总结本案例开发经验。总结过程中，向学生介绍面向对象设计思想中重要的原则 DRY，并以示例中母版页设计为实例向学生描述 DRY 原则的指导思想 2)在 VS2008 中如何进行代码的重构，根据情境设计中提供的代码，教师亦可使用注册页的后端代码进行方法的重构 3)调试 MyBlog 项目，要求登录功能完善	1)学生听讲和提问 2)学生实践，在 VS2008 下对注册页面后教师提供的代码进行重构操作	教师总结时间 4 min 学生动手时间 2 min
			共：45 min

(5)教学效果评价

1)课堂跟踪

教师参考学生在上述设计实施步骤中的完成情况，如果学生能够在指定的时间范围内基本完成，则教学效果良好。

2)练习作业与评价点

①将文件夹中的静态网站 MyHomeWork 转化为动态网站，将网站中的静态网页转化为动态网页。(参见本示例电子附件“发现探究法课后作业”)

评价点：

从以下三点评价学生完成情况：

- 是否创建与静态页面相同名称的动态页面；
- 是否将静态页面的内容复制至动态页面；
- 是否将静态页面中的静态控件转化为动态控件。

三个评价点均完成则为优秀，如果只完成 2 个则为良好，完成一个则为及格。

②MyHomeWork 网站中包含了多个页面，请分析这些页面在设计过程以及后期维护中存在的问题。

评价点：

学生应能找出具体问题，如多个页面具有相同内容，后期维护时如需修改则要多个页面重复修改，评价为合格。如果未能找出该具体问题，则说明学生没有理解为什么要使用母版页，评价为不合格。

③使用本示例掌握技能解决步骤 2)中出现的问题。

评价点：

学生能够使用母版页对网页进行重构。如果未能实现重构，则说明学生未掌握本示例技能与知识目标，评价为不合格，否则为合格。

3.7 项目教学法

3.7.1 实训项目示例：网上购物系统

(1)项目简介

1)项目背景

网上购物系统能实现的商务功能已经多样化，可以说从最基本的对外沟通展示、信息发布功能，到在线洽谈、在线交易、在线客户服务功能等，几乎传统商店的所有功能都可以在互联网上以电子化的形式高效运作。

《网上购物系统》(以下简称《网购》)针对当前流行的 E-Bussiness 实现技术，开发一个基于 B/S 架构的电子商务系统。《网购》建设一个基于 B2C 的网上购书系统，基于 .NET 平台开发，使用 C# 语言实现。网上购书者能够通过该系统购物，平台管理者能够通过该系统进行书籍商品交易的管理和购物者相关信息的管理等。

2)项目要求

①人员分工(人次)

每个小组以 5～7 人为单位组队，设置组长 1 名，并按照以下角色划分组员：

表 3-7-1 《网购》项目团队小组分工

团队小组角色分工	人次
窗体界面美工人员	1～2
数据库设计人员	1～3
编码实现人员	3～4
测试人员	1～2

②项目基础

能够使用 C# 语言编程，初步了解 B/S 架构，了解网上购物的过程

③开发平台

.NET Framework 2.0/3.0/3.5

④开发工具

Visual studio .NET 2003/2005/2008，SQL Server 2000/2005/2008，PowerDesigner 12/15，Dreamweaver MX/CS 3/CS 4，Microsoft Project 2003，Microsoft Visio 2003

⑤项目代码量

20000 行左右

⑥项目工期

180 学时左右(集中式，4 学时/天×5 天/周×9 周)

(2)项目能力目标及要求

1)能力经验方面

①初步认识电子商务

《网购》作为一个典型的B2C电子商务网站项目，具有显著的电子商务特征。软件类中职学生通过参与《网购》，能够亲身体验系统化地运用电子化工具，高效率、低成本地完成以商品交换为中心的各种活动带来的便捷性。参训学生在完成《网购》项目后，能够初步提升对电子商务发展的认识。指导教师在参训学生能力层次水平较高的前提下，应引导参训学生将参与《网购》项目获取的知识和经验，迁移到B2B或C2C类型的电子商务系统开发上来。

②体验软件工程开发流程

《网购》作为一个典型的软件工程项目，具有显著的软件工程模式特征。软件类中职计算机软件专业学生通过参与《网购》项目，可以亲身体验软件系统开发全过程。在《网购》项目进行过程中，指导教师应以软件工程各阶段的工作规范要求参训学生，使参训学生在磨炼岗位技能的同时，体验软件工程各阶段的工作内容和规范。

③提升岗位技术能力

《网购》作为一个取材于应用型系统的实训项目，学生以团队的方式参与项目实训，通过团队内角色的交叉扮演，了解软件企业中各个岗位技能角色的工作职责，为中职计算机软件专业学生规划未来的就业岗位发展方向提供了经验和参考。

2)专业技术能力方面

①掌握ASP.NET编程技能。

a. 能够使用Visual Studio 2003/2005/2008进行.NET开发；

b. 能够创建并使用Web Form；

c. 了解构建ASP.NET应用程序技术；

d. 掌握ASP.NET状态管理知识；

e. 能够使用数据绑定和数据控件；

f. 能够使用ADO.NET构建数据访问层。

②了解项目架构分层思想。

③学会使用Microsoft Project制定项目进度计划。

④掌握SQL Server 2000/2005/2008数据库操作能力。

a. 能够使用SSMS；

b. 能够进行数据库设计和熟悉创建规范；

c. 能够进行数据库的备份和还原；

d. 能够通过SQL语句操作数据；

e. 了解视图、存储过程和函数。

⑤学会使用Dreamweaver或者Microsoft Visio进行软件界面设计。

⑥学会撰写项目软件文档。

(3)数据库设计

指导教师根据《网购》需求进行数据结构分析，采用 PowerDesigner 构建 E－R 图，导出《网购》数据库实体关系图如下：

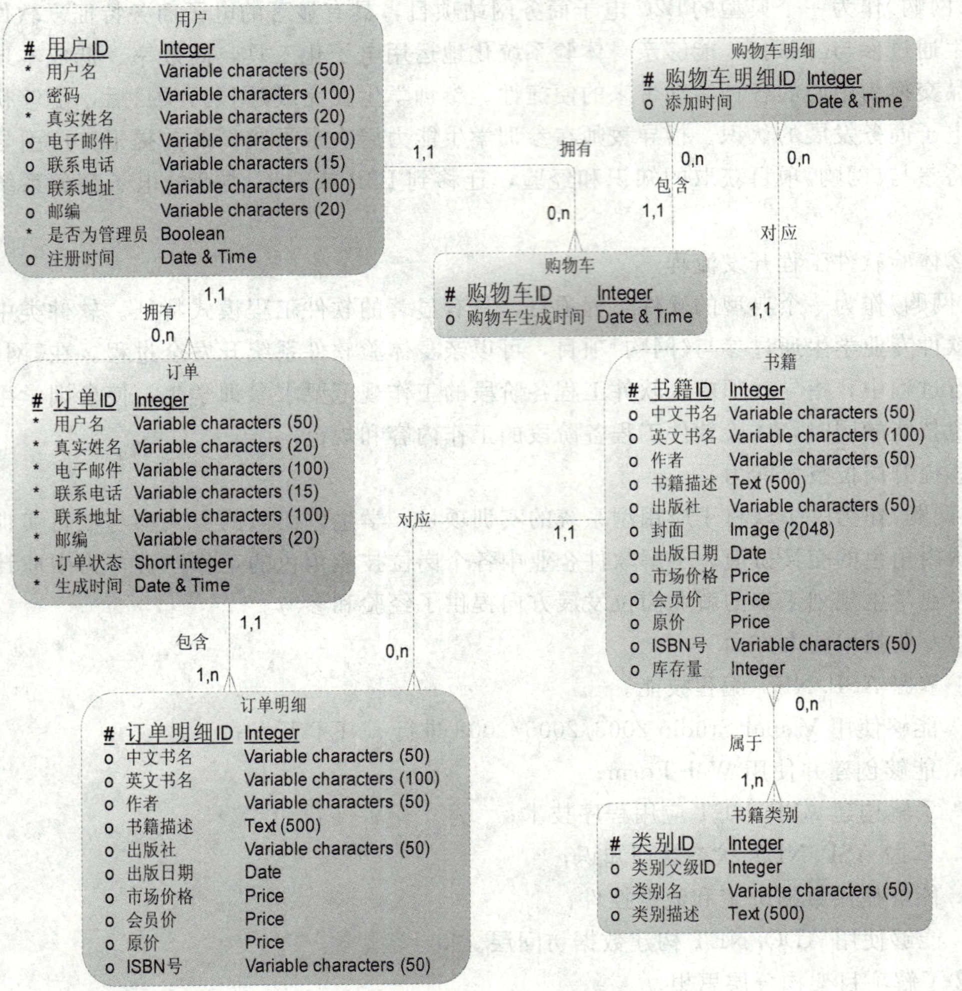

图 3-7-1 《网购》数据库实体关系图(详细内容请参见本书电子附件)

(4)实施过程

《网购》项目实施的大致流程如图 3-7-2 所示。

根据《网购》实施的流程，大致可以分为以下几个阶段：

1)项目准备阶段

该阶段主要由指导教师进行《网购》项目的立项、设计和规划，并组织参训学生组队。指导教师通过调查问卷等手段了解参训学生的技能水平层次。该阶段包括图 3-7-2 中的“项目准备”环节，大概安排 8～12 学时。

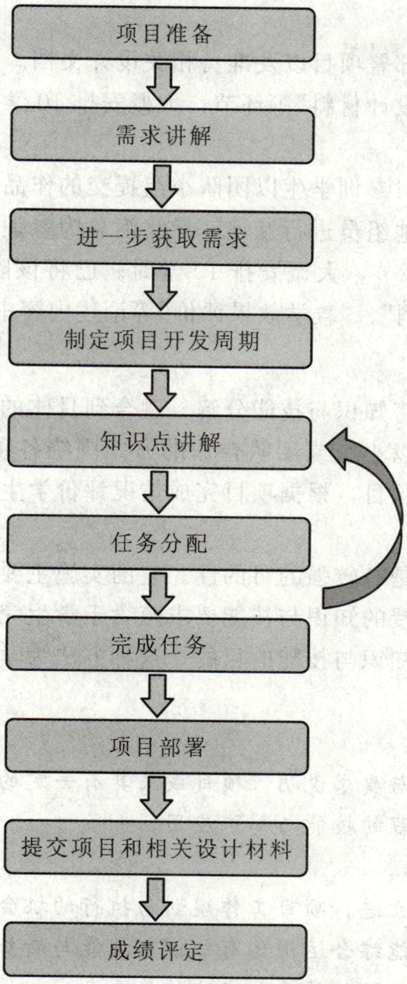

图 3-7-2 《网购》实训项目实施流程

2)项目需求分析阶段

该阶段主要由指导教师进行《网购》需求的讲解和分析，参训学生在指导教师引导下制定项目开发计划。该阶段包括图 3-7-2 中的“需求讲解”、“进一步获取需求”和“制定项目开发周期”等环节，大概安排 20 学时。

3)项目设计阶段

该阶段主要由指导教师进行《网购》的数据库部分设计方案和项目架构框架分层讲解。该阶段包括图 3-7-2 中的“知识点讲解”环节，大概安排 20 学时。

4)项目构造阶段

该阶段主要由参训学生在指导教师引导下进行项目的编码工作。该阶段包括图 3-7-2 中的“任务分配”和“完成任务”等环节，大概安排 100～120 学时。

5)项目部署阶段

该阶段主要由参训学生部署项目以及准备相关设计文档。该阶段包括图 3-7-2 中的“项目部署”和“提交项目和相关设计材料”等环节，大概安排 10 学时。

6)项目总结评估阶段

该阶段主要由指导教师对参训学生以团队小组提交的作品进行评分和项目总结，并由参训学生对团队小组内的其他组员进行互评，最终汇总为参训学生的总评成绩。该阶段包括图 3-7-2 中的“成绩评定”环节，大概安排 10 学时。已将该阶段的任务纳入“3.7.2 项目教学法”、“3.7.2.2 应用示例”、“教学效果评价”等论述内容中。

3.7.2 方法阐释

项目教学法，是指教师将知识与技能分解、融合到具体的项目中，设计出项目教学方案，在教师的指导下，学生以小组或团队合作的方式围绕各项目进行活动、讨论、学习、操作、实施，最后共同完成项目，根据项目完成情况评价学生是否达到教学知识与技能要求的一种方法。

项目教学法的主要特点是有较强的目的性。它的实施主要是通过教师对教学内容分析和教学任务的分解，将要讲授的知识与技能要求蕴含于学生完成的项目之中，以便学生通过完成项目来达到掌握所学知识与技能的目的。这种方法为学生拓展了更好掌握知识和技能的学习途径。

所选择项目通常应具备：

- 项目应有清晰的条件与要求说明，项目成果具有一定的现实与应用价值；
- 能综合某一阶段或过程的技能与知识应用；
- 与工作过程紧密相关；
- 学生团队与个人有独立进行项目工作规划与执行的机会；
- 有适度的难度，学生能综合运用已有知识、技能与新知识自行处理问题；
- 有阶段性成果与最终成果的展示与交流的机会；
- 师生共同评价项目成果与方法。

3.7.3 应用示例：《网上购物系统》

(1)技能与知识目标

见“3.7.1 实训项目示例：网上购物系统”——“项目能力目标及要求”。

(2)前导技能与知识水平要求

1)初步了解软件工程相关基础知识

软件工程相关基础知识主要用于指导项目开发过程。对于参训的中职学生来说，可能还没有系统学习过软件工程相关理论，更不用说将其用于指导项目开发了。这里就存在一个软件开发过程必须使用软件工程知识而参训学生不具备相关知识能力的矛盾。解决该矛盾的办法就是由项目指导教师在项目需求分析阶段、项目设计阶段和项目构造阶段，一方面有选择性地为参训学生补充对《网购》适用的软件工程知识点，如软件的生命周期、软件需求获取、数据库设计规范等，另一方面在《网购》实施过程中指导学生将软件工程知识用于实践，尽量让参训学生从实践中去体验软件工程知识的实施。

2)初步了解面向对象开发思想

在《网购》项目多个阶段都必须使用“面向对象”思想进行开发和设计。如在设计阶段和编码阶段，参训学生在指导教师的指导下使用接口和类等面向对象的元素进行编码设计。同软件工程理论类似，单纯针对中职计算机软件专业学生讲解面向对象开发思想理论和编码规范等内容，是不适合其知识技能层次的。此时也可以采用解决软件工程理论和实践矛盾的办法，如由指导教师为参训学生预先定义一些类和接口，并针对其实现进行讲解，然后由参训学生在此基础上，一面模仿指导教师的实现方式，一面自行以面向对象思想为准则在指导教师引导下实现部份代码。需要注意的是，根据项目角色的划分，并不强制要求团队小组中所有学生都必须掌握面向对象开发思想，《网购》中仅对“编码实现人员”角色要求掌握。

3)初步了解网页基础知识

《网购》基于 B/S 模式，开发过程中需要使用网页设计知识。目前虽然已有很多快捷的可视化网页设计工具如 Dreamweaer 等辅助进行 UI 设计，但是为了适应实际开发过程动态网页的开发需要，需要“窗体界面美工人员”掌握网页开发的相关知识，如 HTML 标记等。指导教师可根据项目的实际情况，仅针对项目中常用的网页开发知识进行讲解和指导，或将部分网页框架提供给参训学生参考或使用。

4)掌握 SQL 基础知识

《网购》中有大量静态和动态的数据信息需要存储在数据库中，如用户信息、商品信息、订单信息等，这些信息所构成的数据结构是代码运行的基础。在进行编码前必须进行数据库的设计。根据角色的划分，要求“数据库设计人员”掌握一定的数据库基础理论知识。指导教师可以将《网购》的实体关系设计或者物理表设计直接提供给参训学生，或者由参训学生在指导教师提供的设计基础上进行扩充。参训学生在库表扩充和实现系统功能的过程中需要通过 SQL 脚本操作数据库。

5)掌握 C♯语言

《网购》以 C♯语言作为开发语言。在项目构建过程中，“编码实现人员”在指导教师引导下，应以软件工程相关知识为指导，以 C♯语言为工具，以数据库设计为基础，通过编码实现项目功能点。

6)掌握 Microsoft Visual Studio 2003/2005/2008 的使用

在使用 C♯语言进行项目构建的过程中，推荐使用 Microsoft Visual Studio 作为开发 IDE 环境。该开发平台已成为业界进行.NET 平台项目开发的首选 IDE 工具。在培养“编码实现人员”编程技能的同时，也应该将主流开发工具的使用纳入岗位技能培养范畴中。

(3)场景分析设计

网上购物属于电子商务的范畴。电子商务常见形式有 B2B、B2C、C2C 等形式，对于中职计算机软件专业学生参与的《网购》项目来说，电子商务形式的多样性将增加项目的复杂性，并降低项目进度的可控性。在项目准备阶段，如果由参训学生进行自主选择实现的话，在实现难度和进度上就难以把握。在《网购》实施过程中指导教师将采用“项目教学法”

确定和控制项目实现，并结合参训学生的学习生活实际，将场景设置在一个B2C的购书网站实现上。这样《网购》既具有典型性，又能够兼顾技术和知识学习的过程，体现了项目的生活性和现实性。

在《网购》的实现过程中，指导教师需要在各个阶段以锻炼参训学生的相关软件岗位技能为目标，在实施“项目教学法”过程中的各环节穿插使用各种教学法，增强参训学生的技能和岗位体验。

(4)过程实施

1)项目准备阶段

①场景分析

《网购》指导教师接到指导《网购》开展实训的任务后，需要着手准备《网购》授课所需的各文档资料以及项目资料，及团队角色和人数设置。

参训学生的能力层次水平是指导教师调整《网购》项目难度和制定开发任务的依据。为了更加准确地把握本轮参训学生的整体水平，指导教师可以根据参训学生的《专业培养计划》，设计一份《网购项目实施前摸底》问卷。

以上准备工作完成后，由指导教师召集参训学生，以媒体演示的方式，使用多媒体设备讲解项目概况和项目要求。讲解完毕后，要求参训学生组队，并由指导教师将问卷以纸质材料或者电子文档的方式发放给参训学生，问卷调研结果作为调整项目难度和把握任务分配的依据。

②完成任务角色

·主体角色：《网购》指导教师。

·参与角色：《网购》指导教师、《网购》参训学生。

③学生获取经验与技能

·初步认识软件开发岗位技能

在项目准备阶段，通过指导教师讲解在参训过程中不同阶段开发人员的职责，参训学生初步了解《网购》项目的团队参与方式和岗位技能要求，初步提高对软件开发岗位技能的认知水平。在《网购》项目的实施过程中，参训学生在指导教师引导下，按照团队小组角色分工工作，能够进一步提高对岗位技能的体验和认知。

·初步进行团队沟通

《网购》作为一个取材于应用的软件项目，主要目的是让参训学生体验团队开发流程。本阶段参训学生的沟通任务主要是如何从分散的开发个体，自由组合成一个开发团队，并展开初步的团队内协调和沟通，确定每个组员在团队内的角色。在《网购》项目的后续实施环节，将会给参训学生提供大量的团队协同工作和讨论的机会，以增强参训学生的团队协作意识。

④准备知识

指导教师在本阶段必须提前确定《网购》的实施周期，了解多媒体教室和机房的使用以及配置情况等约束，以此为参考定义《网购》实训项目实施大致流程(如图3-7-2所示)。

⑤实施步骤

·《网购》指导教师准备项目实施相关的文档材料(具体材料可参见以下“成果文档”中的内容)。

·采用问卷调查、课堂沟通等手段初步了解参训学生的能力水平，以此为依据调整项目各阶段中分析和设计的难度和深度。

·中职学生作为一个特殊的群体，在技能基础和课程体系上和高职以及本科学生相差甚远，并且每轮的参训学生整体水平和个体水平也参差不齐，所以在项目实施过程中必须依据参训学生的综合技能水平权衡并调整《网购》实施的难度和深度。

·组织参与项目的中职学生进行组队，完成该项目的人数以5～7人为宜。

·团队中的角色划分可以参照“表3-7-1《网购》项目团队小组分工”中的内容，以下表格严格按照软件企业岗位需求目标进行人员设置细化：

表3-7-2 《网购》项目团队小组分工明细

角色	人次	职责描述
组长	1	充当软件企业中项目经理的角色，主要工作职责是在项目约束条件下交付满足约束的解决方案，并主要关注项目小组实施的过程。有时候小组在一些问题上无法达成共识，此时需要组长扮演主要领导的角色，成为决策的最高权威，将项目拉回正轨
窗体界面美工人员	1～2	由于项目时间和复杂性的限制，在指导教师根据项目的客观实施条件和软件类中职学生特点降低《网购》实施难度后，该角色将包括原有网页美工和UI工程师的角色，主要进行系统界面的设计和实现
数据库设计人员	1～3	该角色的主要工作目标是按照需求分析和总体设计的框架，合理、有效、科学地设计数据库结构，定义各个表结构、存储过程、触发器等。所谓合理，就是要满足数据存储需要。所谓有效，就是使数据库流畅运行，不影响系统运行。所谓科学，就是使数据库结构合理、效率和作用均衡
编码实现人员	3～4	该角色需要主导功能特性的开发，联合测试人员一边开发一边测试，以保证产品的可靠性。同时联合用户体验者(这里可以由组内其他成员或者指导教师充当)改善用户体验
测试人员	1～2	负责测试产品的每个功能特性。由于项目时间和复杂性的限制，该角色可以在指导教师的引导下仅以黑盒方式实施单元测试和集成测试。测试用例可以由指导教师给出

⑥成果文档

·《网购项目实施前摸底》

指导教师提供摸底材料，参训学生完成。用于提供参与《网购》项目中职学生的选修课程和技能水平的参考数据，便于指导教师根据参训学生情况进行项目难度调整。

·《教师参考手册》

《网购》由教师在实训过程中作为指导材料使用，《教师参考手册》应对项目实施的各项细节精确细化，并在其中附上相关的授课方式建议和指导方式建议，并明确指出实施过程的注意事项。不同项目的《教师参考手册》可以由不同的指导教师在每轮项目指导过程中进行修改和完善。

•《学生参考手册》

提供给参训学生阅读，主要用于指导参训学生如何参与《网购》项目，并对项目中各个阶段的实施要点以及提供的参考材料进行总结和归纳。

•《团队开发规范》

提供给参训学生参考，包括"团队角色划分"和"编码规范"两块内容，用于规范组内角色职责和统一编码规则（"团队角色划分"参考"表 3-7-2《网购》项目团队小组分工明细"内容，"编码规范"可参考《中职计算机软件专业核心教材之三——应用系统项目实践》中的"编码规范"章节）。

⑦注意事项

•《网购》项目完成效果好坏的关键之一在于指导教师如何把握参训学生的现有技能水平，以及依据中职计算机软件专业学生的特点评估《网购》完成过程中学生可能出现的各种状况，制定科学合理的项目完成难度，并帮助参训学生进入团队角色并适应团队协作完成任务的方式。

•对于指导教师自身来说，必须能够对指导项目了然于心，这样才能在遵循项目实施目标和流程的前提下，针对具体项目小组的情况进行适当的项目实施难度调整和引导评价。

•学生组队过程中应注意团队小组成员经常要兼作其他角色。对于参训学生来说，基本上不具备企业的岗位角色要求，而要求参训学生马上对自身进行精确的职业定位也是不现实的。通过兼职角色，可以让参训学生体验多个不同软件岗位技能的工作过程，帮助参训学生规划将来的职业岗位。

•从本阶段开始，参训学生以团队方式参与到《网购》项目中，如果有条件的话，可以让参训学生在参与项目过程中刷卡考勤，一方面让参训学生体验企业工作规范，以考勤约束学生的行为，提升参训学生对企业岗位工作的认识，另一方面记录的考勤信息也可以作为项目结束时评估工作态度和工作量的依据（关于考勤软件的描述可参照《第 2 章 专业教学环境分析》）。

2）项目需求分析阶段

①场景分析

《网购》指导教师在准备阶段工作结束后，进行初步的需求讲解。项目需求分析阶段是《网购》项目开发设计的开始。讲解内容以《教师参考手册》和《学生参考手册》中的内容为主。

根据中职学生知识和技能水平偏低的特点，指导教师需要针对大部分或全部的需求信息进行分析，确定项目的功能和要求，以消除错误、定义细节，让参训学生对项目有更深入的了解，做到心中有数。在参训学生技能水平允许的前提下，指导教师可以将《网购》的部分需求进行提取操作，将提取出的需求分析由参训学生在指导教师的引导下完成，借以锻炼参训学生需求获取和需求分析的能力。

在本阶段指导教师主要通过“角色扮演法”、“需求驱动法”等教学方法激发学生主动参与项目的意识，并体验具体的岗位工作流程。

②完成任务角色

·主体角色：《网购》指导教师。

·参与角色：《网购》指导教师、《网购》参训学生。

③学生获取经验、技能

·本阶段指导教师通过多种教学方法，在完成项目需求分析的同时授之以“渔”，着重锻炼学生获取需求的能力。

·使用 Microsoft Project，通过甘特图制定开发计划能力。

·阶段性评审总结以及沟通能力。

④准备知识

·了解需求定义和需求分析的概念；

·了解 Microsoft Project 软件的用途；

·理解甘特图的概念和用途。

⑤实施步骤

·指导教师根据参训学生技能水平制定需求讲解范围。

参训学生技能水平通过前一阶段(“项目准备阶段”)确定。如果参训学生水平层次较低，可以考虑采取全部由教师讲解需求进行需求分析的方式，如果水平层次较高，可以将原有需求中的部分需求独立剥离，如从《网购》中独立出购物车模块，在后续实施环节中作为参训学生自主的实践内容。

·指导教师将以下“成果文档”中的需求相关文档下发给参训学生，并讲解各文档在项目开发中的作用。

根据上一环节确定的参训学生技能水平，对于层次较低的情况，可以将以下“成果文档”中的《网购用户需求说明书》和作为示例的《网购需求变更文档》直接提供给参训学生，无需参训学生另外完成；对于层次较高的情况，可以将需求中剥离的内容从《网购用户需求说明书》中删除，在需求分析过程中由参训学生完成，完成过程中参训学生同时完成《网购需求变更文档》。

·指导教师讲解指定范围需求以及需求的获取方式，并将以下“成果文档”中的待完成文档提供给学生。

指导教师在讲解需求分析的过程中可以综合运用多种教学方法。如在讲解需求获取方式(具体内容可参照《中职计算机软件专业核心教材之三——应用系统项目实践》中的相关内容)的过程中，可以采用“角色扮演教学法”和“案例教学法”结合的方式，先由指导教师讲解需求获取的常见方式和注意事项，然后针对某一细化的具体需求，如从以上环节中剥离出来的购物车功能模块，由教师扮演需求调查者，由学生扮演需求提供者，即用户。

·参训学生在实训教师指导下完成指定功能模块需求获取与分析。

参训学生团队小组自主进行需求分析的过程中同样可以采用“角色扮演法”，由指导教师或者小组内的部分成员扮演用户，部分学生扮演调查者，在参训学生完成指定需求的获取过程后，归纳总结学生需求获取过程中的注意事项，以此让学生模拟与体验需求获取的方式和手段。

· 参训学生补充“成果文档”中指定模块的分析内容，并根据需要更新需求，变更文档。

本环节承接上一环节的实施内容，实施前提都是基于参训学生技能水平较高这一情况。这里的主要工作是将上一环节中分析的结果，以标准文档的方式，填充到《网购用户需求说明书》中，并更新《网购需求变更文档》，以记录需求的变更细节。

· 参训学生在实训教师指导下使用 Microsoft Project 制定《项目进度计划》。

对于任何层次的参训学生，都要求完成《项目进度计划》。指导教师可以首先讲解指定进度计划包括的内容和注意事项，然后示范 Microsoft Project 的使用方法，之后采用“任务驱动教学法”，要求参训学生以团队小组为单位独立制定项目进度计划。

· 对参训学生完成需求分析过程的工作和制定的《项目进度计划》进行评审。

该环节不是必须环节，实施该环节的前提是指导教师有项目阶段评审经验，并且先前制定的《网购》项目实施周期时间比较充裕。

评审过程的实施一般包括以下几个环节：

a. 指导教师提出评审的具体安排，包括时间、地点、参与人员；

b. 指导教师提出评审的要点。在项目需求分析阶段，主要是由参训学生小组代表说明需求分析结果并展示阶段性成果(本阶段主要指“成果文档”中的内容)，提出设计过程中已解决的问题和待解决的问题，并分享技术和岗位经验；

c. 参训学生以小组为单位按照评审要点准备评审材料；

d. 参训学生以小组为单位轮流交流；

e. 指导教师在交流过程中以及交流完成后，针对存在的共性问题和个性问题分别予以指导解决。

评审基于以下几个目的：

a. 锻炼参训学生组织材料的能力和表达交流能力；

b. 让参训学生体验软件企业评审过程；

c. 指导教师以此把握参训学生完成任务过程中的共性问题和个性问题，并及时采取有针对性的指导方案。

⑥成果文档

·《网购需求说明书》

通过整理的用户需求，根据实际情况由教师提供内容框架，其中部分内容可由参训学生填充完成。该文档定义了用户和软件开发者双方共同认可的软件的运行环境、功能和性能需求，是整个开发工作的基础，也为下阶段的设计工作提供了需求参考。

·《网购需求变更文档》

该文档用于记录需求变更历史。《网购》项目实施过程中主要使用该文档来进行各个需求分析文档版本的定位，并为学生总结提升需求获取和变更能力提供总结和提高的依据。

·《项目进度计划》

建议使用 Microsoft Project 绘制。该计划主要用于安排项目各个阶段的工作任务、资源以及负责人等，该文档可以在实训教师指导下完成，帮助学生体验制定项目计划的过程以及把握项目进度。

⑦注意事项

·指导教师必须依据“项目准备阶段”中了解的参加项目实训学生的整体能力水平确定分析需求的深度和控制范围。

·在后续的项目实施阶段，指导教师要引导参训学生将《项目进度计划》作为控制和保证项目进度的依据。

·在条件允许的情况下，在“项目需求分析阶段”以及后续实施阶段中的每个阶段都可以进行多次评审。评审一般安排在产生有里程碑意义交付成果的时候，如需求分析阶段产生了相关的需求文档，设计阶段产生了相关的设计文档，构造阶段生成了某些功能点的代码等。还要注意的是，《网购》实施过程中的评审工作受到各种客观条件的限制，如参训学生的技能水平层次较低和参与评审的人员角色不可能完全按照软件企业规范实施(一般软件企业中的评审人员有主审人、评审专家、质量保证人员、记录员、客户代表、相关领导和部门管理人员等)，和软件企业的正规评审流程相比简化了许多。

3)项目设计阶段

①场景分析

项目设计作为中职计算机软件专业学生的弱项，指导教师可以考虑适当简化项目实施难度。本阶段的主要工作是指导教师讲解相关技能知识和设计思想。在《网购》项目需求分析工作结束后，指导教师可以将数据库部分设计方案提供给学生，并采用“案例教学法”进行讲解，还要搭建好项目的代码架构并提供给参训学生参考，为“项目构造阶段”参训学生进行编码作准备。

②完成任务角色

·主体角色：《网购》指导教师、《网购》参训学生。

·参与角色：《网购》指导教师、《网购》参训学生。

③学生获取经验、技能

·学习使用 Power Designer 工具设计数据库；

·掌握数据库设计知识和注意事项；

·初步了解项目分层架构。

④准备知识

·掌握 Power Designer 的基本使用；

·掌握数据库设计基础知识；

·掌握 C# 语言；

·掌握 ADO. NET；

• 掌握 Microsoft Word 和 Microsoft Visio 等工具的使用。

⑤实施步骤

• 指导教师提供《网购》数据库部分逻辑设计方案，并进行演示和讲解。

针对参训学生的学习能力层次特点，建议将《网购》数据库设计直接提供给参训学生，指导教师使用“案例教学法”，通过多媒体设备演示数据库概念模型设计和物理设计方案，并讲解数据库设计的相关知识点和《网购》数据库设计细节，同时演示使用 PowerDesigner 进行逻辑数据库设计的方法。

• 指导教师讲解构建《网购》采用的编程语言和其他相关技术。

在数据库设计方案确定之后，接下来需要完成的工作需要依赖于 C# 编程语言和代码编写过程中的其他技术，如 ASP. NET 技术和实现数据访问层的 ADO. NET 或者更高级的 Linq 和 ADO. NET Entity Framework 技术。所以在本实施环节需要由指导教师说明以下实施过程需要使用的技术。考虑到参训中职生的层次水平，建议仅要求使用 ADO. NET 技术，对于部分能力层次较高的参训学生所在的团队小组，可考虑在指导教师指导下，使用其他高级的数据库访问技术。

• 指导教师提供并讲解《网购》项目架构模式代码分层。

针对参训学生的学习能力层次特点，建议将《网购》项目分层架构模式设计方案直接提供给参训学生，指导教师通过“案例教学法”，讲解项目分层模式思想，并举例演示在常见的项目架构模式下如何编码实现某一功能(如“添加书籍分类”功能)。《网购》项目架构分层如图 3-7-3 所示。

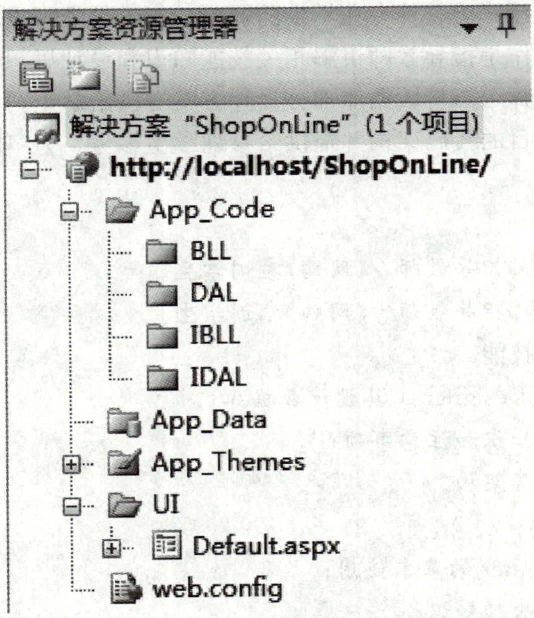

图 3-7-3 《网购》项目架构分层

项目架构设计采用了传统的ASP.NET网站项目架构，并在App_Code文件夹下手动添加了IBLL、BLL、IDAL、DAL四个资源文件夹，并且在项目根目录下创建了UI资源文件夹。现分别对以上几个资源文件夹作如下说明：

a. IBLL和BLL

IBLL和BLL资源文件夹对应，用于描述完成系统业务的逻辑，即通常所谓的业务逻辑层。其中IBLL定义了业务逻辑接口，即业务逻辑需要完成的功能，在IBLL资源文件夹下创建的文件都是接口文件，定义了业务规范。而BLL定义了业务逻辑实现，即BLL中创建的类是针对IBLL中业务逻辑接口规范的实现。

b. IDAL和DAL

IDAL和DAL资源文件夹对应，用于描述完成底层数据访问的逻辑，即通常所谓的数据访问层。类似的，其中IDAL定义了数据访问接口，即数据访问需要完成的功能，在IDAL资源文件夹下创建的文件都是接口文件，定义了数据访问规范。而DAL定义了数据访问实现，即DAL中创建的类是针对IDAL中数据访问接口规范的实现。

c. UI

所有ASPX页面以及其他的页面表现元素(如一些通用的页面组件等)都存放在该资源文件夹下。如果页面存在多层逻辑结构，可以在UI文件夹下创建多层物理资源文件夹。

• 参训学生团队小组进行系统UI设计。

在"项目需求分析阶段"确定《网购》需求和本阶段指导教师给出数据库设计方案后，可以由指导教师采用"任务驱动教学法"，分配各参训学生团队小组进行初步的系统UI设计。

在指导教师引导下，参训学生小组可以参考《网购需求分析说明书》和数据库设计方案，进行自主学习，通过上网查找相关资料和"头脑风暴法"等方式，讨论确定UI设计方案。确定的UI设计方案需要通过《网购UI设计说明》进行说明。在提供了项目架构代码分层后，要求参训学生在编码过程中将创建的页面表现元素都置于UI资源文件夹下。

通过系统UI设计，可以达到以下几个目的：一是通过UI设计发现需求分析和数据库设计过程中的不完善内容或错误，及时加以修改；二是利用需求分析和数据库设计反过来检查UI设计的正确性；三是为下阶段("项目设计阶段")进行代码设计提供参考页面设计方案。

• 对参训学生完成需求分析过程的工作和制定的《网购UI设计说明》进行评审。

评审的过程和注意事项可参照"项目实施阶段"的"过程实施"和"注意事项"。

⑥成果文档

《网购UI设计说明》

UI设计可以通过Microsoft Word进行界面设计，也可以通过Microsoft Visio中的界面控件实现，还可以直接在项目中的指定层次下直接进行asps页面的构建。在该设计文档中需选择一种方式描述《网购》UI设计方案。

⑦注意事项

• 将《网购》数据库设计直接提供给参训学生的主要目的在于，一方面大多数参训学生的技术能力还达不到独立设计数据库的层次；另一方面，参训学生小组基本采用相同的数据库设计，能够在很大程度上减小指导教师的工作量，更重要的是，在“项目构造阶段”即编码阶段，参训学生将基于相同或者类似的需求分析和数据库设计进行编码，提高了实施过程的可控性。需要注意的是，如果有部分参训学生的能力水平较高，可以考虑要求这部分参训学生在现有的数据库设计方案基础上进行补充和改进，补充和改进的方式请参见“3.7.1 实训项目示例：网上购物系统”——【数据库设计】部分的内容。

• 项目架构模式在软件项目开发过程中属于中高级应用范畴。对于参训中职生来说，可能部分参训学生具有个人独立或者以团队方式编码实现项目的能力，但是要求他们按照业界广泛采用的三层架构来实现是不现实的。所以采用指导教师提供架构模式的方式，一方面将参训学生在“项目构造阶段”的编码工作置于可控范围下；另一方面，让参训学生体会架构模式在实际项目开发过程中的威力，提升参训学生的岗位技能体验。

• 指导教师可以针对项目架构模式进行适当简化后再提供给参训学生。《网购》中的项目架构模式分出了三个层次：UI 层——负责接受业务逻辑层的数据进行页面表现；IBLL/BLL 层——负责接收页面请求，进行业务逻辑处理，并将结果返回给 UI 层；IDAL/DAL 层——负责接受业务逻辑层调度，进行底层数据访问处理，并将处理结果返回给业务逻辑层。指导教师在讲解架构分层模式的过程中，针对中职生理论基础薄弱的特点，说明项目构造过程中不一定要使用 IBLL 和 IDAL 接口层定义接口，可直接仅构造 BLL 和 DAL 层进行代码实现。如果参训学生整体技能水平较高，可以进行知识扩展，说明使用 IBLL 和 IDAL 定义接口，可以使接口定义和接口实现分离，在定义完接口后，BLL 和 DAL 层中实现接口的类可以同时由多个代码构造人员参与完成，这样既使用接口保证了代码实现功能的规范性和完整性，也提高了项目开发的效率。

• 本阶段参训学生团队小组完成的 UI 设计方案可能只是一个粗略的未以 asps 页面实现的设计方案，该方案的具体实现可以在下一阶段——“项目构造阶段”完成。

• 从本阶段开始，参训学生在指导教师引导下真正开始以独立的团队工作方式进行项目设计，如 UI 层的设计和布局完全按照团队小组的意识进行设计。指导教师在从本阶段开始到项目结束为止，要有意识地培养参训学生自主学习和自主解决问题的能力，以适应岗位技能需求。

4)项目构造阶段

①场景分析

项目分析阶段基本完成了分析和设计的工作，接下来指导教师需要在项目构造阶段适当引导参训学生按照既定计划完成项目任务，并在构造的不同环节由指导教师对完成情况进行引导和评价。对于《网购》进度来说，项目构造阶段将是提升参训学生编码能力和项目实现能力的重要阶段，也是参训学生团队小组同时参与完成任务人数最多的阶段，在本阶段，团队小组内的大多数参训学生都能够亲身体验团队开发中协同工作和沟通的难度和重要性。

②完成任务角色

• 主体角色：《网购》参训学生。

· 参与角色：《网购》指导教师、《网购》参训学生。

③学生获取经验、技能

· 掌握网页设计技术；

· 熟练掌握编码技巧；

· 熟练掌握代码调试技巧；

· 初步掌握测试技巧；

· 进一步提升沟通和协同开发经验和技巧。

④准备知识

· 掌握C#语言；

· 掌握ADO.NET；

· 掌握Microsoft Word、Microsoft Visio和Dreamweaer等工具的使用。

⑤实施步骤

· 参训学生进行《网购》项目构造

本阶段的工作基本由参训学生以团队小组为单位自行完成。同一团队小组的参训学生按照“项目准备”阶段的人员分工分配任务并协同进行项目构造。

承担窗体界面美工角色的参训学生在上一阶段——“项目设计阶段”UI设计方案的基础上，依据《网购UI设计说明》实现asps页面的设计。

承担数据库设计角色的参训学生可以在本阶段以角色兼职的方式参与到代码实现的工作中来，帮助完成IDAL和DAL数据访问层的实现。

承担编码实现角色的参训学生是这个阶段任务实施的主力，编码的工作主要由他们完成。

承担测试角色的参训学生很可能也兼职编码实现角色，主要负责对已编写完毕的功能模块进行测试。对于团队小组内编码经验相对欠缺的参训学生来说，指导教师可以引导其进行β测试，即以客户的角度进行黑盒测试；对于团队小组内编码经验比较丰富的参训学生，可以引导其进行α测试，即以开发者的角度进行白盒测试。

参训学生团队小组在以多角色协同开发《网购》项目的过程中，指导教师要以软件企业岗位要求为目标，着重培养团队小组内沟通和合作意识，建议团队小组开发过程中遇到问题的时候，通过小组沟通或者小组内部相关角色成员沟通解决。

· 指导教师根据各团队小组完成情况进行任务分配指导和完成指导

在参训学生团队小组完成工作的过程中，指导教师应以观察者和引导者的角色，针对不同的团队小组进行指导。指导的内容主要是任务分配指导和技术实现指导。

在任务分配指导过程中，指导教师通过关注参训学生团队小组的阶段工作完成情况，了解各团队小组的进度，采用“任务驱动教学法”，布置并指导参训学生完成后续工作任务，要求参训学生以完成一个个串接任务的过程完成《网购》项目。

在技术实现指导的过程中，指导教师可以采用演示教学法、案例教学法和四阶段教学法等进行指导教学。如为了培养参训学生的C#代码实现的规范性，可以由指导教师提供一份《C＃编码规范参考》文档，并通过多媒体设备进行演示讲解编码过程规范。如果有条件的话，指导教师也可以通过网络下载或者其他手段获取关于编码规范的讲解视频，在课堂上通过“演示教学法”进行讲解。

• 指导教师和参训学生进行阶段任务完成情况评审

项目构造阶段是“项目教学法”实施过程中时间跨度最长的阶段，所以在本阶段实施过程中需要安排多次的阶段评审。评审一般安排在大多数参训学生团队小组产生阶段性成果的时候，如在“项目构造阶段”完成了某个功能点或者功能模块。

评审一方面为参训学生提供一个交流实施过程中遇到难点问题解决的平台，另一方面也从指导教师角度宏观了解每个团队小组的进度和状态，并针对参训学生交流过程中提出的问题予以指导和解答。评审的具体过程可参照“项目需求分析阶段”中的评审流程并结合本阶段工作的特点进行实施。

⑥成果文档

•《C＃编码规范参考》

该文档由指导教师提供，用于规范参训学生编写C＃代码的规范性。本文档详细描述可参考《中职计算机软件专业核心教材之三——应用系统项目实践》“第5章第3节C＃编码规范”相关内容。

•《CSS编码规范参考》

该文档由指导教师提供，用于规范参训学生编写CSS代码的规范性。本文档详细描述可参考《中职计算机软件专业核心教材之三——应用系统项目实践》“第5章第2节CSS编写规范”相关内容。

⑦注意事项

• 为了让参训学生体验软件企业中团队小组进行需求讨论的环境，在没有场地和设备条件的情况下，可以通过实景照片展示软件公司讨论环境，增强参训学生的岗位角色体验。在条件允许的情况下，指导教师可以考虑采用“演示教学法”，在实训场地布置实际的小组讨论环境，并组织参训学生根据开发需要使用小组讨论环境。还可以安排参训学生到合作企业进行参观，实地了解真实软件企业工作和讨论环境。

• 软件测试工程师是软件企业近几年新兴的一个热门岗位。笼统地说，一个软件测试工程师的工作职责有：运行软件，发现和报告软件缺陷或错误；对软件整体质量提出评估；确认软件达到某种具体标准等。对于参加《网购》项目的参训中职学生来说，在没有系统地学习软件测试相关理论的前提下，是不可能严格按照软件测试的要求进行软件测试的。在“项目准备”阶段安排“测试人员”角色的目的在于，指导教师通过“黑箱教学法”等，切合参训学生的层次特点，摒弃大量的测试理论，仅要求参训学生按照或模仿指导教师的测试行为，实施测试过程，掌握简单的测试活动。通过设计软件测试的项目实施环节，一方面完善了参训学生的软件工程实施体验，另一方面也为参训学生将来走上软件测试的岗位做了铺垫。

• 指导教师在本阶段主要充当旁观者和引导者的角色。作为旁观者，指导教师以第三者的视角可以观察参训学生完成任务的具体情况，也可以作为旁听者随时加入参训学生团队小组的讨论和交流过程中，及时掌握参训学生小组各学生和各团队的状态。作为引导者，指导教师应在参训学生偏离项目目标或技术路线的时候，及时予以引导和纠正。指导教师的引导活动常常是针对某个团队小组的具体行为的引导。

·在《网购》项目的“项目需求分析阶段”，参训学生团队小组已经制定了《项目进度计划》，对于少数整体技能水平层次比较好的参训学生团队小组，可以基本按照《项目进度计划》完成项目。但是由于开发经验和进度把控的问题，往往大多数参训学生团队小组在实施《网购》的时候会产生软件危机中开发周期不可控的情况。为了避免这种情况的发生，指导教师要根据每个参训学生团队小组已制定的《项目进度计划》，配合现有的实施情况分析，以提出任务分配的方式，对参训学生团队小组下阶段实施的工作进行适度的引导，以保证《网购》实施的可控性。指导教师在提出任务实施建议的过程中，也应该注意引导参训学生思考产生项目实施进度不可控的原因，并提出规避不可控风险的手段，以提升参训学生的岗位技能体验。

·本阶段根据项目需要可能存在多次的评审，指导教师应把握评审的时间安排和目标，切不可为了评审而评审，将评审安排过于频繁。指导教师应根据《网购》项目的实际情况和参训学生整体完成进度的水平安排评审，如可以在大多数团队小组完成用户管理模块和商品管理模块的时候、完成购物车模块的时候和完成订单模块的时候各安排一次评审。评审的目的是让参训学生总结以评审时间点为里程碑的项目完成情况，在评审过程中其他团队小组可以提出问题和异议，以此形成一个讨论和交流的机会。并且指导教师针对参训学生构造阶段出现的共性和个性问题也可以进行集中讲解和交流。

·本阶段的主要目标是培养参训学生的编码能力和其他软件岗位初始技能，所以针对参训的学生来说，指导教师不需要对实现技巧的新颖和难度做过高的要求，可以把实施要求定位在能够完成《网购需求说明书》的所有功能，并且保证《网购》项目正常运行层面上。

5)项目部署阶段

①场景分析

通过“项目构造阶段”的代码构造，《网购》项目已经基本能够正常运行。本阶段的主要工作，是由参训学生团队小组在指导教师引导下，将发布的《网购》项目部署到指定的环境中，并完成“成果文档”中的文档。部署的效果以部署完成后项目实际的运行情况进行衡量。

参训学生团队小组在项目部署的同时可以进行《安装手册》和《用户操作手册》的编写。编写前由指导教师提供模板，并讲解编写过程要点和注意事项，编写工作由参训学生完成。

②完成任务角色

·主体角色：《网购》参训学生。

·参与角色：《网购》指导教师、《网购》参训学生。

③学生获取经验、技能

·掌握 ASP. NET 项目发布技巧；

·进一步掌握软件文档编写技巧。

④准备知识

·了解 ASP. NET 项目生成方式；

·了解 ASP. NET 项目部署的软硬件环境。

⑤实施步骤

·指导教师提前计划和申请部署环境

在参训学生团队小组进行项目部署前，指导教师应事先确定部署的软硬件环境，便于参训学生展示作品。如果硬件或者场地条件有限，可以安排各团队小组将作品统一部署在教师指定的一台演示用计算机上，并在后续的“项目总结评估阶段”使用投影仪等设备进行项目交流和沟通。

·参训学生团队小组进行《网购》项目部署

参训学生团队小组将完成的《网购》项目以 ASP. NET Web Application 方式进行发布。发布过程中需由指导教师现场指导。

·参训学生团队小组编写相关软件文档

本阶段参训学生团队小组需编写的文档包括《安装手册》和《用户操作手册》。

·指导教师和参训学生进行阶段任务完成情况评审

本阶段评审工作的主要目标是参训学生交流项目部署过程中出现的各种问题以及解决策略。

⑥成果文档

·《安装手册》

该文档范本模板可由指导教师提供。该文档编写按照软件业规范的编写框架编写，手册中需要明确指出部署的软硬件环境的要求以及部署的具体步骤。该文档主要用于指导最终用户中的技术支持人员群体在指定环境中如何安装部署项目以及解决安装部署过程中的问题。

·《用户操作手册》

该文档范本模板可由指导教师提供。该文档用于指导不同角色的使用者如何使用相关软件系统。

⑦注意事项

·在参训学生进行项目部署前需要由指导教师进行发布演示。

对于参训中职学生来说，在平时的教学过程中对于项目部署的相关内容，专业课教师大多考虑到课时和受众学生的能力水平，基本没有涉及或者没有演示，仅作为了解的内容简单带过。为了让参训学生体验软件开发部署的全过程，有必要让参训学生亲身经历项目部署环节，所以指导教师应该在参训学生进行项目部署前，采用“演示教学法”和“四阶段教学法”等进行教学。

特别是如果开发环境为 Microsoft Visual Studio 2008 的话，在其新特性中提供了新的部署方式，可以由指导教师为参训学生演示部署 ASP. NET 项目的新方式。

·在编写《安装手册》和《用户操作手册》过程中必须有部分参训学生充当相应用户角色，并进行文档验证。

《安装手册》面向最终用户的技术支持人员群体，而该群体仅面向技术支持而非面向技术开发，所以该文档的编写角度必须面向非编程人员的理解能力范围；《用户操作手册》面向最终用户的使用人员群体，在《网购》中指“商家”和“顾客”。为了确保以上文档的可读性和可操作性，必须由团队小组中部分参训学生充当相应用户角色，采用“黑箱测试”的方式，以第三方的角色验证文档的可用性。

·在评审过程中，指导教师可针对评审过程中的顺序做适当安排。

如指导教师可安排部署未完成或进度较慢的团队小组优先进行评审交流，提出的待解决的问题可以作为后续完成情况较好小组的重点交流内容。

(5)教学效果评价

项目阶段性评审、完成效果评估和最终的项目总结是项目教学法教学效果评价中不可或缺的重要环节。

1)项目阶段性评审是贯穿《网购》项目教学法的关键环节

从“项目需求分析阶段”开始，到“项目部署阶段”为止进行的评审，从参训学生角度旨在锻炼参训学生沟通技巧以及总结问题的能力，从指导教师角度旨在把握参训学生团队小组在案例知识学习以及任务完成过程中的进度，并及时针对参训学生团队小组出现的共性问题进行解答。评审的方式和内容在“项目教学法”过程实施的各个阶段中均有描述，这里不再赘述。

2)项目教学法完成效果评估可以根据每个参训学生在《网购》项目中的参与度、所承担的角色、合作能力及成果等进行评价

可先由参训学生进行自评和团队小组内的互评，之后再由指导教师对项目工作成绩进行检查评分。师生共同讨论、评判在项目工作中出现的问题、参训学生解决问题的方法及学生的学习行为特征。通过对比师生的评价结果，指导教师帮助参训学生找出造成评价结果差异的原因。

评价的角度一方面应以参训学生完成项目的情况评价；另一方面还要参考学生在项目操作中的个人表现及协作表现，尤其是有无创新思想、团队精神等。项目教学法的实施过程就是一个人人参与的创造实践活动过程，注重的不是最终的结果，而是完成项目的过程。只要参训学生在岗位知识技能和经验积累层次上有提高、有进步，评价时就应该体现出来。这样弹性评价机制有着导向、激励的功能，能有效地激发学生的学习积极性，最大限度地发挥学生的主观能动性。

3)进行项目总结

项目总结就是指出不足、总结经验、知识迁移。通过总结，参训学生才能认识不足，学到更多的知识、经验，最大化吸收整个项目流程的精髓。总结应达到引导参训学生对项目进行拓展和延伸，使参训学生日后在继续学习或岗位工作中遇到类似问题时能够运用所

学的知识和项目开发的经验解决的效果。

为了检验《网购》的教学效果，指导教师可以在总结过程中提出知识迁移场景，并要求参训学生自由思考、讨论，并予以解答。根据参训学生思考解答的情况，指导教师可以较准确地把握本轮参训学生在参与项目过程中的岗位技能和项目经验掌握情况，并为开展下一轮《网购》做经验上的积累。

(6)注意事项

在实施项目教学法过程中，需要注意项目、教学法应用、师资、角色过渡和衔接、教学评价等几个方面的问题。

1)项目的制定工作

立项是项目教学的前提。一个好的项目是非常重要的。

学校与企业进行合作，通过社会调查，走访企业对毕业生的需求，根据社会和企业对人才的需求，制定项目方向。在有条件的情况下，可以考虑指导教师与企业一线技术人员共同设置与优化项目，确定教学目标。在选择与优化项目要注意的是，选择项目要根据岗位工作能力的要求，对理论知识必须坚持“必须”和“够用”的原则，要突出培养技能。

立项所确定的项目任务一定要紧扣实际、面向运用，只有这样才能吸引学生来学习。《网购》项目的实施内容就扣紧了参训学生学习生活中的“买书”活动和目前流行的“网上购物”这种快捷的购物方式两个主题，并鼓励参训学生用所学知识实现《网购》系统功能。

同时立项过程中还应注意项目所覆盖技能知识的系统性和完整性，只有这样才能一方面让参训学生应用并在原有基础上提高所学知识；另一方面锻炼参训学生学习新技能和新知识并应用于项目研发的能力。

2)综合应用多种教学法

项目教学法作为一种以行动为导向的宏观教学法，实施的周期较长，涉及的专业知识较多，执行过程也比较复杂。在实施过程中指导教师应针对参训学生传授技能和增强岗位体验的需要，在项目开展的不同阶段使用不同的教学法，或者在某一阶段同时使用多种教学法进行教学。

例如《网购》项目中，在“项目需求分析阶段”，对于多数参训学生来说，还不具备需求获取的技能和经验，在这个时候可以采用“角色扮演”教学法；在“项目设计阶段”，可以融合“案例”和“任务驱动”等几种教学法，让参训学生以小组为中心解决实际问题。

3)指导教师的教学能力要求

与传统的教学方式相比，项目教学方式对指导教师素质提出了更高的要求：

①指导教师不仅要娴熟掌握专业知识与技能，还要有较为翔实的、全面的经验与工作积累。如在《网购》指导过程中，指导教师不仅需要熟悉软件工程理论和实践，还需要了解项目部署环境和硬件要求以及企业岗位技能要求，才能在项目实施过程中有的放矢地指导参训学生。

另外指导教师还必须游刃有余地在项目教学法实施过程中应用案例教学法、任务教学法、角色扮演教学法等多种教学法以提升教学效果，增强参训学生的学习兴趣和项目参与度。

②指导教师最好要具有企业工作经验，或者有机会在企业中进行学习并体验不同工作岗位的岗位技能要求，了解企业岗位工作过程，才能从宏观角度选择具有社会需求意义的职业工作任务作为具有教育价值的项目，并在项目实施过程中在指导学生完成项目的同时注重培养学生的职业素质。

③要具有团队合作的能力。从个体的工作方式走向合作方式，不同专业优势的教师联合起来进行项目教学。从中职学校授课教师实际情况来看，可能存在部分指导教师不具备企业岗位工作经验的情况。为了解决企业工作经验和项目指导的矛盾，在《网购》指导过程中，可以考虑组织多位指导教师以团队工作的方式进行项目指导，这样指导教师可以进行宏观调配，依据各自特点指导不同项目阶段，以发挥各指导教师不同的技能强项和能力特点，取得更好的教学效果。

要具有创设项目情境的能力。要求指导教师熟悉项目内容，进行深入研究，并准备好项目开展过程中可能涉及的有关知识，注意与其他教学手段和教学方法的协调。这要求指导教师能到生产一线实习和工作，了解典型、实用的教学项目，同时要花费更多的时间投入项目教学的立项和学习情境的创设。

4)指导教师要注意角色过渡和衔接

教师要发挥主导作用，明确自身角色，成为教学设计者、指导者和示范者。但是在项目实际实施过程中经常出现师生角色转换不到位的情况。例如《网购》项目，如果在学生进入机房后，指导教师才分配任务。指导教师仍然把自身摆在传统专业课教学的授课教师的位置上，不利于提高参训学生的主动性。

《网购》同其他能够实施项目教学法的项目一样，参训学生在完成过程中会遇到很多专业课或者平时学习过程中不曾接触过的知识，这部分知识是需要参训学生带着问题主动去学习、探索研究的，指导老师只起引导和过程监督控制作用。

如在参训学生以团队小组为单位进行讨论问题的过程中，指导教师应该充当一个旁观者或者仅作为听众的参与者，当讨论过程出现一些参训学生团队不可解决或者不可控的问题时(这样的问题是常常出现的)，如某个页面 UI 设计布局的问题，指导教师的角色就需要转换为引导者，不直接给出明确答案，而给出一些建议或实现案例，引导参训学生思考、讨论并解决问题。在参训学生团队小组领会指导教师意图并解决分歧后，指导教师应重新过渡回旁观者或者仅作为听众的参与者的角色，不应过多地参与到参训学生的讨论和设计中。

5)完成效果评价的制定标准

完成效果评价是参训学生最关注的环节，进行项目成绩评定一定要做到客观、公平、公正。除了指导教师评测参训学生之外，还应该开展参训学生的自评以及团队小组内成员间的互评。另外，仅评价项目结果的话，将导致团队小组内每个学生的成绩相同，显然是不公平的，因此应对项目的全过程进行评价。在项目执行过程中，激励性的评价能有效地提升学生的自信心。评价的目的是以过程为主，不仅关注参训学生成绩，而且关注学生非智力因素，如岗位经验和沟通技能的积累和提升。在评价过程中还应注意着重评价参训学生岗位技能的掌握程度，如“项目准备阶段”开始执行的考勤作为软件企业评价员工的一个基本手段，也应作为教学评价的一个重要参考。

(7)局限性

①项目教学法主要应用于实践性教学，对于一些理论性较强的课程不太适用。

②项目教学法对参与学生的迁移运用能力要求较高，仅能应用于具有一定知识和技能的中职高年级学生。对于职业学校低年级学生和学生知识、技能经验不足时不宜采用。

③项目教学法占用时间相对其他教学法来说更多，所以只有在能够保证充裕的项目实施时间的情况下采用。

参考文献

[1]微软，微软中国官方网站（http：//www. microsoft. com/china/net/Defined/default. mspx）

[2]郑金洲．教学方法应用指导．上海：华东师范大学出版社，2006

[3]墨耕．经典教学方法荟萃．福州：福建教育出版社，2009

[4]黄旭明．中小学信息技术教学法．长春：东北师范大学出版社，2005

[5]赵志群．职业教育与培训学习新概念．北京：科学出版社，2003

[6]姜大源．职业教育学研究新论．北京：教育科学出版社，2007

[7]李艺等．信息技术新课程研究系列．北京：高等教育出版社，2003

[8]何克抗．建构主义环境下的教学设计．北京：北京师范大学出版社，1997

[9]金晓倩．职业院校计算机教学任务驱动法模式研究．高等函授学报，2008，9

[10]王晓玲．谈“任务驱动法”及其在高职计算机教学中的应用．继续教育研究，2008，5

[11]刘静．任务驱动教学法在计算机教学中的应用研究．延边教育学院学报，2009，8

[12]刘宗盛．任务驱动教学法在高职教学中的应有．学术纵横，2009，10

[13]徐安凤．浅析案例教学在高校计算机语言课中的应用．教育与职业，2005，14

[14]王红姝．浅谈案例教学法的实践与应用．黑龙江高教研究，2000，13

[15]扬毅．案例教学法在教学中的应用．云南教育，2001，19

[16]吴安平等．案例教学法研究与实践．长春大学学报，2002，5

[17]孙静．案例教学法在中职学校C语言教学中的应用．科技信息，2008，13

[18]郑钧辉等．C语言程序设计　课程案例教学法探讨与研究．内江科技，2007，10

[19]冯俊丽，樊迎光．案例教学在《信息技术基础》中的实践．衡水学院学报，2009，4

[20]莱斯利．P. 斯特弗．教育中的建构主义．上海：华东师范大学出版社，2002

[21]D. McIntyre&M. O'Hair. 教师角色．北京：中国轻工业出版社，2002

[22]何军，吴立春等．项目教学法在高职院校《计算机网络技术》课程中的应用．现代计算机：教学园地，2009，8

[23]孟燕．利用项目教学法激发职高生学习成就动机实践研究．职业教育研究，2009，9

[24]孙燕．职业学校信息技术课堂中的项目教学法初探．教学实践与管理，2009，29

[25]王晓玲，凌云等．项目式教学法在信息技术教学中的应用．苏州职业大学学报，2009，2

[26]王丽艳．项目教学法在高职计算机应用基础中的应用．科技文汇，2009，27

[27]宋若臣．浅说实践教学法：模拟＋顶岗．山东行政学院山东省经济管理干部学院学报，2008，5

[28]仇雅．论中职学校计算机实践教学法的应用．广西民族大学学报(哲学社会科学版)，2007，12

[29]王媛媛等．计算机控制系统实践教学法的探索．安徽电子信息职业技术学院学报，2009，3

[30]夏玉江，杜萍．高等职业教育教学方法尝试．科技创新导报，2008，16

[31]刘达．计算机基础实践教学法的探索．中国基础教育研究，2007，5

[32]庄卓．计算机基础职业实践教学法研究．教育与职业，2008，14